Editoriale

Con una modifica rispetto al sommario annunciato nella «terza di copertina» del precedente numero della rivista, pubblichiamo un nuovo contributo del Prof. Cestelli Guidi sulla Torre di Pisa. *Argomento sul quale è più che mai opportuno richiamare l'attenzione degli specialisti, specie ora che si sta per intraprendere un intervento «provvisionale» di presidio che, in quanto tale, lascia del tutto impregiudicata la soluzione definitiva del problema.*
Soluzione, non si ripeterà mai abbastanza, che è ancora ben lontana dal profilarsi con chiarezza, mentre se ne fa sempre più incalzante l'urgenza. Non ci si può infatti permettere di stimare allarmistico e immotivato il timore d'un improvviso collasso del monumento, stante la più che accertata perdita della portanza a compressione dei suoi materiali costitutivi, e in particolare del conglomerato compreso tra le «fodere» lapidee.
Ma a questo primario fattore di rischio, determinato dalla causa «storica» della pendenza, o meglio del continuo incremento di questa negli ultimi decenni, altri se ne potrebbero aggiungere in futuro, e ancora più temibili, nel momento stesso in cui si mettesse mano coi mezzi oggi disponibili al consolidamento sia dei materiali in opera, sia del terreno di fondazione (anche se in tale secondo caso con rischi alquanto minori).
Si può essere certi che anche di quest'altri fattori di rischio abbiano tenuto conto i progettisti dell'intervento di presidio di prossima esecuzione. Il quale, come è noto, consisterà in una «cerchiatura» quasi passiva, localizzata in sommità del basamento appena al di sotto del primo loggiato (10 trefoli di acciaio foderati con «Teflon», disposti su una fascia di 40 cm), e lungo tutti i sovrastanti ordini del cilindro interno ai loggiati, a un interasse di circa 1 m.
È probabile che tanto basti a ridurre il rischio dello «schiacciamento» per tutto il tempo necessario al completamento delle indagini e all'elaborazione del progetto dei lavori definitivi. Ma ci si può sentire altrettanto sicuri che, nel corso di quest'ultimi, la cerchiatura riesca ugualmente a garantire la stabilità della Torre*?*
Non c'è infatti dubbio che fin dall'inizio di tali lavori, quali che essi finiscano per essere e fintanto che non saranno completati, sia la Torre *che il suo sedime attraverseranno un periodo altrettanto lungo di violenta alterazione dello stato di fatto, durante il quale il coefficiente di sicurezza, già oggi troppo esiguo, si ridurrà ulteriormente a valori molto preoccupanti.*

Anche la proposta Cestelli Guidi muove dalla lucida percezione di questo rischio, contro il quale suggerisce un rimedio che si può senz'altro stimare più sicuro, nell'immediato, della cerchiatura con trefoli d'acciaio, ma che non meno di questa lascia assai incerti circa l'affidamento da farsi in corso d'opera sulla sicurezza, e a cose fatte sull'efficacia dell'intervento definitivo.
Per chi è convinto, come sembra che tutti siano, che il nodo da sciogliere stia nell'eccessivo stato tensionale di compressione dei materiali costituenti la Torre, *la conseguenza da trarre è che a rimedio di una così radicale causa di danno non possano assolutamente bastare, per la loro provata inaffidabilità e incontrollabilità, le usuali tecniche di consolidamento dei materiali.*
Non è forse vero che, anche nella più favorevole delle ipotesi, l'eventuale incremento ottenuto con tali tecniche sulla portanza del nucleo interno a concrezione sarebbe comunque non quantificabile? E il poco che si può fare sul paramento lapideo esterno, a fini più che altro estetici e di provvisoria protezione contro i fattori ambientali di degrado, avrebbe forse il benché minimo effetto sulla portanza globale della struttura?
Allo stato delle cose, crediamo che a queste domande si possa rispondere, o meglio sottrarsi, solo addivenendo alla soluzione a dir poco paradossale di mantenere per sempre, ma assai più fitta ed estesa, la cerchiatura della Torre, *ovvero la «scapitozzatura» proposta da Cestelli Guidi (magari con la variante dell'immancabile bello spirito pronto a suggerire la sostituzione della torre campanaria e dell'ultimo ordine con una leggerissima copia in vetroresina!).*
Tutto porta dunque a credere che se di fronte a tanto piane ed incontrovertibili evidenze i responsabili della tutela del patrimonio storico artistico, e più in generale gli specialisti di storia dell'arte e del restauro, non si mostrano più di tanto preoccupati del futuro immediato del monumento, è perché, sotto sotto, molti devono sentirsi ormai convinti che non tutti i mali vengono per nuocere, cioè che nella sciagurata e sempre più probabile evenienza della catastrofe, il problema troverebbe nella «Carta del restauro» la sua soluzione codificata bell'e pronta: l'«anastilosi», ovvero la raccolta e la ricomposizione dei «cocci». Che poi anastilosi non sarebbe, ma semplicemente un falso, *dato che l'energia liberata da un simile crollo lascerebbe un numero assolutamente irrisorio di frammenti in condizioni da poter essere comunque reimpiegati.*
Se quanto veniamo dicendo è eccessivo, perché in realtà di soluzioni serie ed efficaci ce ne sono molte di più di quante ne conosca il nostro pessimismo, lo si dica chiaro e forte. Questa rivista è aperta a tutte le opinioni ragionevoli, e ne ha essa stessa di riserva almeno una. La cui ragionevolezza non potrebbe però essere meglio comprovata che dall'onesto confronto con le opinioni altrui, in primis *di chi ha oggi parte ufficiale nello studio del problema.*

Una proposta d'intervento per la stabilizzazione della Torre di Pisa

Carlo Cestelli Guidi

In alternativa al prossimo intervento di «cerchiatura» temporanea della Torre, *inteso ad incrementarne la stabilità per poter poi procedere ai definitivi lavori di consolidamento entro sufficienti margini di sicurezza, si propone, con la medesima finalità, lo smontaggio provvisorio della cella campanaria ed eventualmente, se si rivelasse necessario, anche del sottostante ordine. Si calcola che in tal modo le condizioni statiche della* Torre *potrebbero essere riportate ad una situazione antecedente l'attuale di almeno circa 2-3 secoli.*

Nella ridda di soluzioni di intervento per la stabilizzazione della *Torre di Pisa*, affacciate da più parti ai margini delle apposite Commissioni succedutesi negli anni, appare non fuori luogo riproporre quanto ebbi già modo di suggerire nella settima edizione del mio volume «Meccanica dei Terreni e Stabilità delle Fondazioni» (1980).
Dopo aver illustrato la situazione statica della *Torre*, concludevo allora:
«*La soluzione più logica, peraltro criticabile perché altererebbe l'originalità dell'opera, sarebbe di smontare provvisoriamente la cella campanaria, ed eventualmente ancora l'ultimo ordine, con il risultato di alleggerire la pressione sia sul terreno sia nella muratura (che non è affatto detto che si trovi in condizioni migliori del terreno).*
L'asportazione della cella campanaria infatti, essendo questa notevolmente spostata rispetto alla base, a causa della inclinazione della Torre, *riporterebbe molto all'interno la risultante dei carichi. Si potrebbe così intervenire, in tutta sicurezza, sia per il consolidamento della muratura sia per l'efficenza del sostegno mediante particolari interventi nel terreno*».
Si ritiene al riguardo che operando con la massima cautela e con mezzi appropriati, la percentuale di blocchi di pietra che andrebbero danneggiati nello smontaggio, e quindi non riutilizzabili nella ricostruzione, sarebbe minima.
L'intervento avrebbe peraltro due soluzioni analoghe, ma di entità diversa. Una prima soluzione consisterebbe, come detto, nello smontaggio ed asportazione della sola cella campanaria. Il carico eliminato sarebbe di sole 700 t, ma esso avrebbe grande influenza sull'equilibrio di insieme, data la sua forte eccentricità rispetto al centro della base (oltre 5 m).
Come si vede dai grafici dalla fig. 1 a-b, dove sono riportati i diagrammi della pressione di contatto sul terreno per il carico attuale di 17.600 t (Cuppari), e 14.500 t (Commissione ministeriale del 1970), contro un carico senza cella di 16.900 t (Cuppari) e 13.800 t (Commissione ministeriale), la risultante dei carichi per la eliminazione della cella campanaria ritorna verso il centro all'incirca per 16 cm.

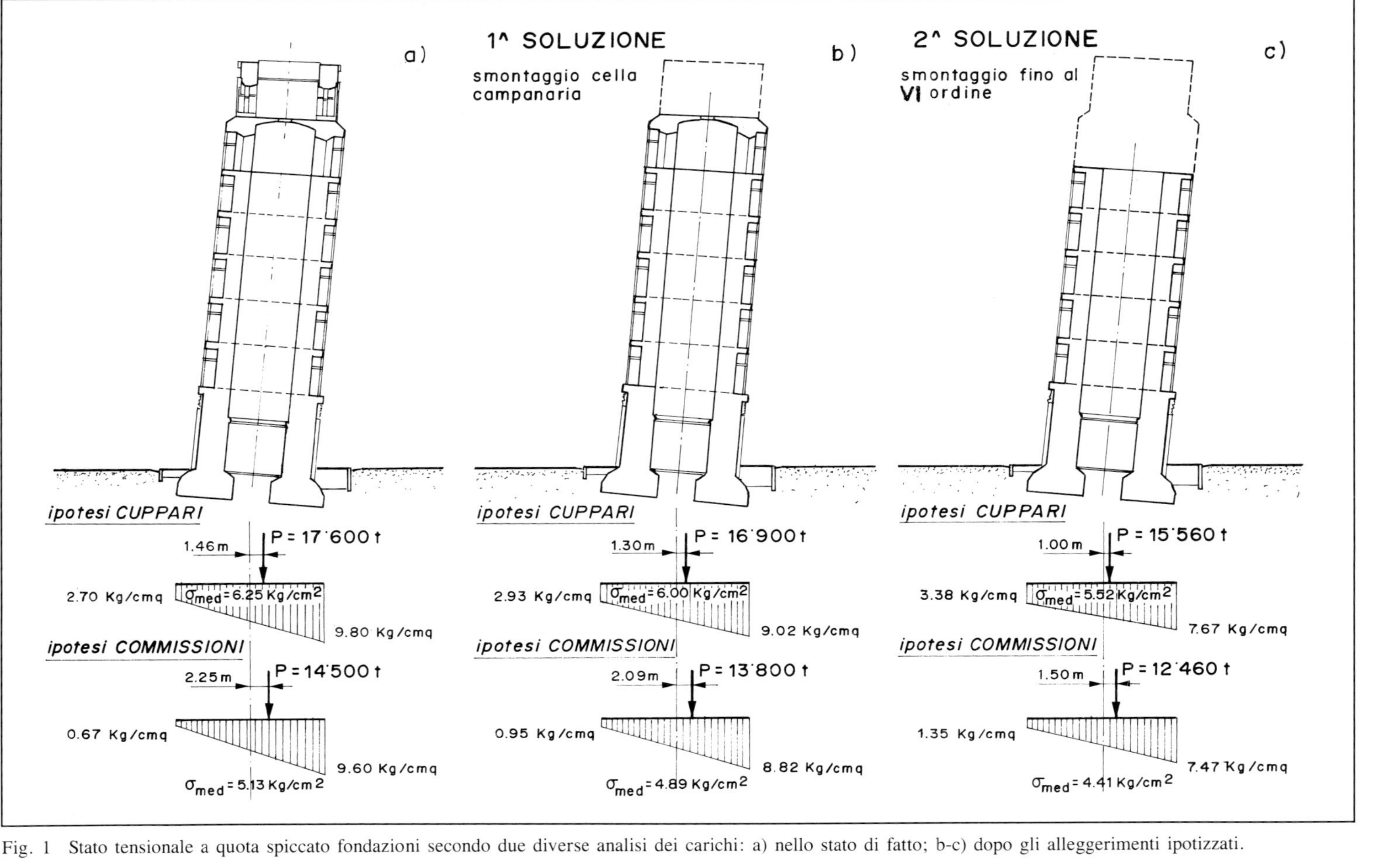

Fig. 1 Stato tensionale a quota spiccato fondazioni secondo due diverse analisi dei carichi: a) nello stato di fatto; b-c) dopo gli alleggerimenti ipotizzati.

Ciò non è molto, percentualmente, rispetto alla eccentricità di 1.46 m (Cuppari), o 2.25 m (Commissione ministeriale), ma, oltre all'alleggerimento, la posizione della risultante dei carichi ritornerebbe nella situazione di molto tempo addietro, considerato che lo strapiombo della *Torre* è corrispondente circa a tre volte lo spostamento della risultante, e quindi il detto spostamento della risultante corrisponde ad uno strapiombo di circa 45 cm.
Ora, ipotizzando una linearità del movimento, misurato in circa 5 cm negli ultimi 50 anni, la «scapitozzatura» riporterebbe la *Torre* alla situazione statica di circa 4 secoli addietro ed, ammessa pure la non linearità, certamente si tornerebbe alla situazione statica di 2-3 secoli addietro. Tale provvedimento sembrerebbe quindi sufficiente ad eliminare ogni preoccupazione sulla attuale situazione statica della *Torre*.
Nella figura 1c è indicata la seconda soluzione, più drastica, di smontare la *Torre* fino al VI ripiano. Con tale lavoro si eliminerebbe un carico di 2.040 t, cui corrisponderebbe un rientro delle risultanti dei carichi di circa 45 cm, e quindi corrispondente al recupero dello strapiombo di oltre un metro, con evidente notevole alleggerimento del valore massimo della pressione.
Una soluzione intermedia, e di minor disturbo estetico, consisterebbe nello smontare solo la copertura a volta del VI ripiano e non i relativi pilastri.
Peraltro, non può trascurarsi il fatto che la scapitozzatura temporanea della *Torre*, per quanto sia una soluzione logica e razionale, anche se ovvia, non troverebbe probabilmente l'approvazione della opinione pubblica, ed anzi verrebbe criticata con l'accusa di insensibilità alle caratteristiche ambientali. Non sembra però che il timore della impopolarità debba influire sulla decisione di attuare un provvedimento capace di eliminare tante incertezze.
Si può infine concludere che il provvedimento proposto consentirebbe, senza correre l'alea di insuccessi, un radicale efficace intervento sulle opere murarie della *Torre*, *la cui attuale situazione statica, con tensioni locali misurate che già superano la resistenza limite, è la vera spada di Damocle per una improvvisa catastrofe dell'insigne monumento.*
È evidente che la soluzione qui proposta richiederebbe un attento e particolareggiato progetto esecutivo; anche se a tale riguardo molte indicazioni possono già trarsi dalla relazione Polvani.
Superfluo aggiungere che alleggerita e migliorata la distribuzione della pressione alla base della *Torre*, sarebbero più agevoli radicali interventi sul terreno di base interessato dal carico della *Torre*, mediante azione diretta sul terreno stesso con processo locale fisico o chimico di variazioni di volume, senza naturalmente alterare il sistema di fondazione diretta con opere, quali sono state da alcuni proposte, che invece muterebbero le caratteristiche d'insieme dell'insigne monumento.

(Ricevuto: 28.6.1991)

L'Autore:
C. Cestelli Guidi, Emerito di Scienza delle Costruzioni, Università "La Sapienza", Roma.

Summary

In 1980 the Author presented a suggestion for the temporary removal of the belfry built on top of the 6th storey of the Tower, *prior to the execution of any consolidation work; this scheme should be reconsidered in the present situation, when concern for the stability of the* Tower *is increasing.*
As the load due to the belfry (about 700 tons) is definitely eccentric (about 5m), its removal would have a definite effect on the load resultant, which should return towards the center by about 16 cm, at foundation level (equivalent at least to the movement which took place in the last two-three centuries).
The result would be a substantial reduction of the stress acting on the soil and on the masonry at the base of the Tower; *this would allow to plan and to execute all provisions for the consolidation of soil and masonry without hurry and with sufficient security. Actually the most worrying factor in the present condition of the* Pisa Tower *is that stresses measured in some parts of the masonry are already above its conventional strength.*
The safety margin could be increased substantially if also the 6th level of the Tower *could be temporarily dismantled, leading to a total weight reduction of 2.040 tons and a 45 cm return to the center of the load resultant.*
The Author is well aware of the criticism that such a proposal will arouse because of the inevitable damage caused by the dismantling process and the danger of serious mistakes in the reassembly of the masonry. He thinks however that such risks, which could be mitigated by an accurate preparation, are outweighed by the far greater ones involved in a consolidation programme carried out under the present load distribution.

Protettivi acrilici nella conservazione della pietra

Guido Biscontin,
Elisabetta Zendri, Alberto Schionato

La resistenza all'invecchiamento di tre tipi di resine acriliche, frequentemente usate nel restauro, è stata studiata mediante esposizione naturale e a lampade a vapori di mercurio di provini di tre tipi di pietra calcarea. Dopo invecchiamento i cambiamenti della struttura molecolare dei polimeri sono stati investigati mediante spettrofotometria all'infrarosso (FTIR), mentre il degrado funzionale è stato determinato misurando l'angolo di contatto.
Gli spettri FTIR indicano che nelle condizioni di prova si verificano reazioni di de-idrogenazione e di ossidazione dei gruppi estere che provocano l'ingiallimento dei polimeri. Mentre inizialmente l'applicazione in soluzioni più diluite (5%) produce un migliore grado di idrorepellenza, questo diminuisce sempre con l'esposizione alle radiazioni UV. Tale variazione è minore per le soluzioni più concentrate (20%) che pertanto risultano più idonee al fine conservativo.

1 Introduzione

L'indagine in oggetto fa seguito ad una ricerca precedente in cui sono stati esaminati i polimeri di natura siliconica usati nella conservazione dei materiali lapidei esposti all'aperto /1/. In questo studio vengono affrontati con modalità simili i prodotti più in uso nello stesso settore. Lo studio di polimeri acrilici è oggetto di molte ricerche /2/, sia per quanto riguarda il comportamento che l'efficacia /3/, anche se in effetti non si è che parzialmente affrontato il rapporto tra l'azione dei raggi UV e la variazione delle caratteristiche superficiali del polimero. Perciò si ritiene utile analizzare le modificazioni indotte tramite irraggiamento sia artificiale controllato con lampade UV, sia naturale mediante esposizione all'aperto.
Sono state esaminate con spettrofotometria IR le modifiche chimiche dei polimeri in esame; determinazioni di angolo di contatto e di assorbimento di acqua daranno una misura delle variazioni di comportamento fisico-chimico della superficie trattata.
L'analisi delle variazioni cromatiche /4/, tramite spettrofotometria a riflettanza, riferita a diversi litotipi prima e dopo esposizione, fornisce indicazioni sulle variazioni di colore dovute sia al trattamento che alle modificazioni del sistema esposto.
Lo studio si completa con l'indagine SEM attraverso la quale sono possibili osservazioni delle superfici trattate e delle eventuali trasformazioni del film polimerico.

2 Parte sperimentale

Dalla letteratura /5,6/, piuttosto ampia sull'argomento, è possibile orientare la scelta verso copolimeri di natura acrilica, che hanno un ampio campo di applicazione sia come sistemi protettivi che come sistemi consolidanti. La loro scelta, ormai ventennale, offre quindi garanzia di valutazione già in parte definita, nel senso che fa capo a prodotti generalmente maturi. Vengono esaminati /7/:

- Paraloid B-66 (metilbutilmetacrilato copolimero);
- Paraloid B-67 (isobutilmetacrilato);
- Paraloid B-72 (etilmetacrilato - metilacrilato copolimero).

Si tratta di prodotti ad ampio raggio d'utilizzazione, sia da soli che mescolati /3,9/.
I polimeri sono stati utilizzati in toluene al 5% ed al 20%. Per l'analisi spettrofotometrica i protettivi, solubilizzati in etere etilico, sono stati distribuiti direttamente su pastiglie di KBr e ne è stato registrato lo spettro, utilizzato in seguito come riferimento.
Per la registrazione degli spettri di resina degradata si è proceduto in modo diverso: i prodotti sono stati distribuiti su lastrine in vetro successivamente esposte a radiazioni UV in un'apposita camera dotata di due lampade a vapori di mercurio con involucro di quarzo, da 500 W, che lavorano alternativamente; le lampade sono poste a 25 cm di distanza dal piano portacampioni. Inoltre, sia la temperatura che l'umidità all'interno della camera sono mantenute costanti a 20 C° ed al 65% UR.
Si riporta in figura 1 lo spettro delle lampade.
Dopo trenta ore di esposizione, il film polimerico presenta una colorazione gialla, che evidenzia una trasformazione chimica. La degradazione appare molto intensa in superficie, con un gradiente negativo passando verso l'interno.
Il polimero degradato perde in parte le sue proprietà, formando prodotti aventi solubilità ridotta. L'uso dello stesso solvente utilizzato nella preparazione dei campioni permette la solubilizzazione solo della parte più interna del film polimerico, coincidente con la frazione re-

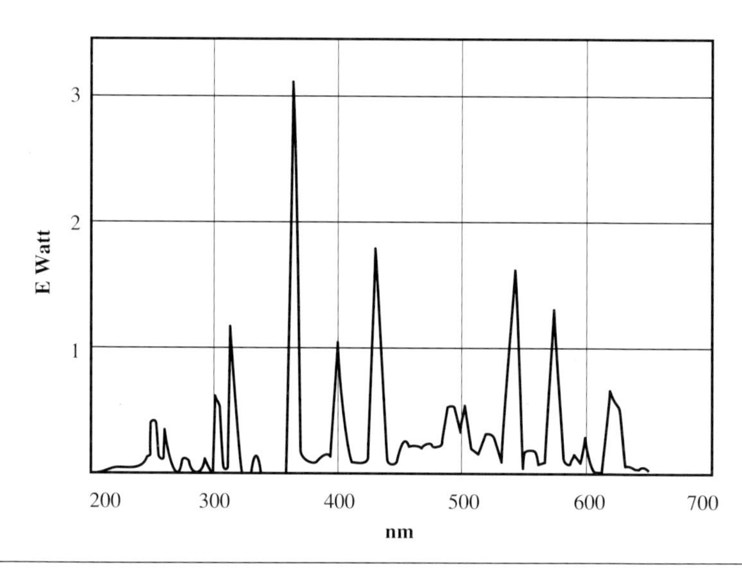

Fig. 1 Spettro delle lampade a vapori di mercurio utilizzate per l'invecchiamento artificiale.

versibile; la solubilizzazione delle porzioni ingiallite richiede l'utilizzo di solventi più forti. La parte gialla insolubile in etere etilico è stata analizzata all'infrarosso.
L'uso delle lampade UV si è reso necessario per poter evidenziare le modifiche subite dai polimeri a seguito di un invecchiamento sufficientemente lungo da poter essere valutato attraverso la spettrofotometria in IR. Il periodo di esposizione naturale cui sono stati sottoposti i campioni dei tre litotipi trattati con i protettivi in studio, pur portando ad analoghe variazioni, non permette una analisi molto accurata delle bande spettrali che risultano aver subito modifiche, in quanto ancora poco leggibili, come si può osservare in figura 2.
Per le prove di efficacia dei protettivi si sono usate delle lastrine di vari materiali lapidei: pietra d'Istria (calcare sedimentario microcristallino a bassa porosità), pietra di Vicenza (calcare organogeno poroso), marmo di Carrara (marmo cristallino a bassa porosità) /10/. I campioni sono stati trattati a pennello, con soluzioni dei polimeri in esame di concentrazioni pari al 5% e 20% di residuo secco. Per alcuni campioni il trattamento è stato ripetuto più volte per ottenere quantità anche molto diverse di prodotto applicato.
Su ognuno dei campioni sono state effettuate misure di angolo di contatto /11/, misure di grado di assorbimento d'acqua /12/ e misure di colore per verificare le variazioni cromatiche.

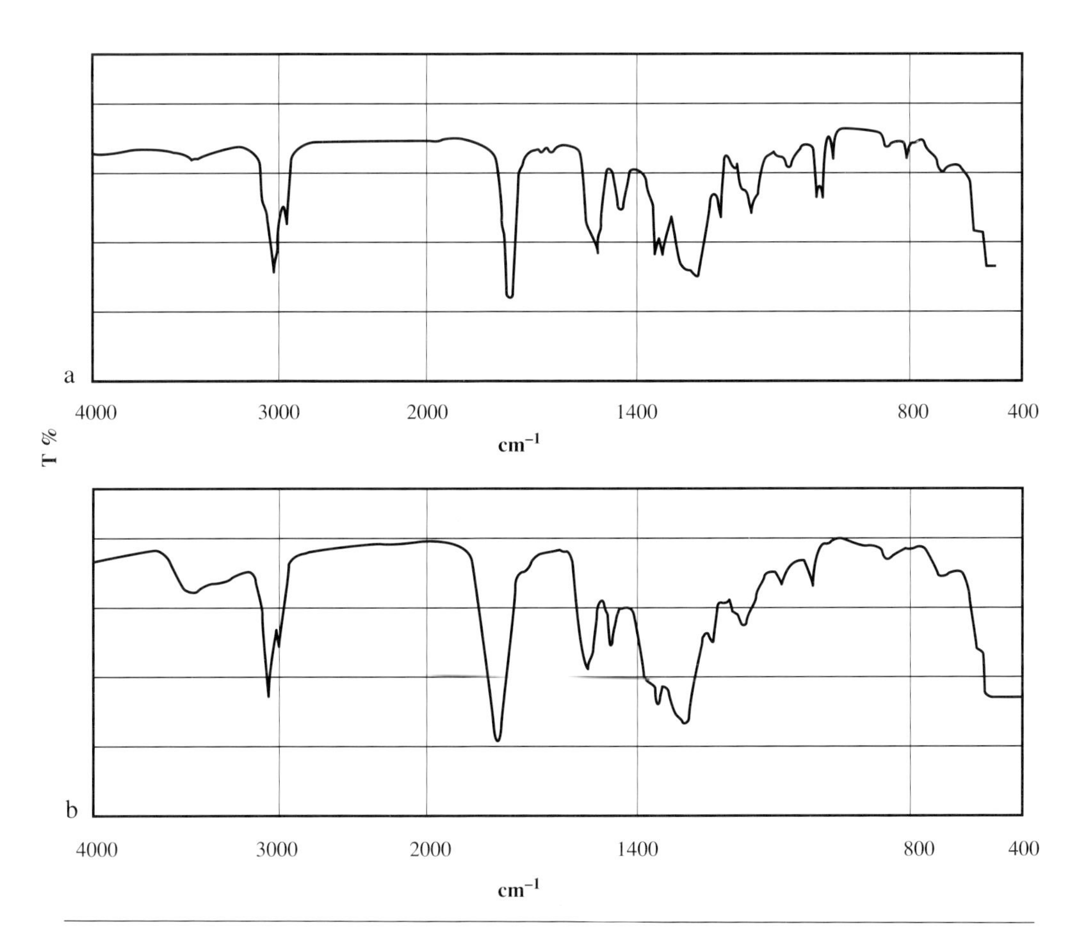

Fig. 2 Spettro IR di marmo di Carrara trattato con la resina Paraloid B-66: a) non esposto; b) dopo 12 mesi di esposizione naturale.

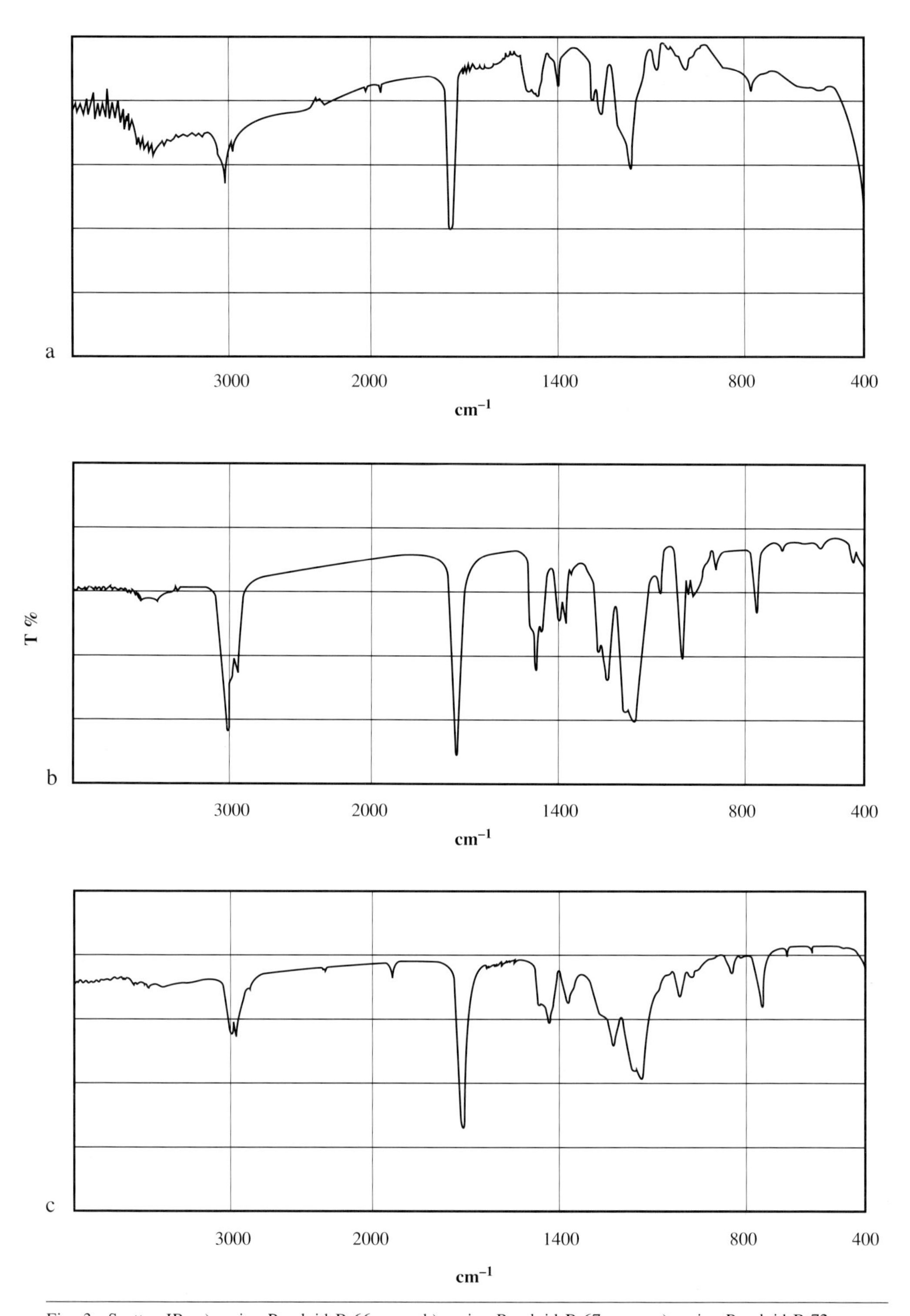

Fig. 3 Spettro IR: a) resina Paraloid B-66 pura; b) resina Paraloid B-67 pura; c) resina Paraloid B-72 pura.

Le misure di grado di assorbimento di acqua sono state eseguite con il metodo detto della «pipetta». Esso consiste nel fissare al campione una camera cava cilindrica, avente una superficie di contatto con il provino di 10,75 cm^2, dotata di pipetta graduata e di un rubinetto. La camera viene riempita di acqua fino al livello superiore della pipetta. Una volta chiuso il rubinetto si eseguono misure di variazione di livello di acqua ad intervalli di tempo pari ad un minuto.
Per le misure di colore si è fatto ricorso ad un sistema utilizzato generalmente in altri settori, come quello delle materie coloranti, entrato ora in uso anche nel campo della conservazione. Si tratta del sistema CIELab che permette di ricavare una serie di parametri indicativi sia delle variazioni di brillanza (ΔL^*), che di spostamento di colore dal rosso verso il verde (Δa^*), o dal giallo verso il blu (Δb^*). Viene inoltre riportato il termine di ΔE^*_{ab} di differenza totale di colore, data dall'espressione:

$$\Delta E^*_{ab} = [(\Delta L^*)^2 + (\Delta a^*)^2 + (\Delta b^*)^2]^{1/3}$$

I campioni sono stati osservati al SEM per rilevare la distribuzione dei prodotti sulle diverse superfici lapidee.
I campioni sono stati poi esposti all'esterno su appositi espositori aventi inclinazione di 45°, rivolti a sud, ed hanno subito tutti gli eventi atmosferici verificatisi durante il corso dei dodici mesi di esposizione. Trascorso questo periodo sono state eseguite nuovamente le misure sopra citate.

3 Discussione dei dati

3.1 Analisi spettrofotometrica all'infrarosso

Dall'analisi spettrofotometrica relativa ai tre polimeri metacrilici, dei quali vengono riportati gli spettri corrispondenti ai campioni tal quali (fig. 3) e degradati (fig. 4), si possono rilevare degli spostamenti di bande analoghi per i tre prodotti. Per evidenziare queste variazioni sono stati ampliati i campi corrispondenti ai νC-H tra 3100 e 2700 cm^{-1}, ai νC=O carbonilici tra i 1800 ed i 1650 cm^{-1} ed ai νC-O-C del gruppo estereo tra 1350 e 850 cm^{-1}.
Gli spostamenti relativi ai νC-H (fig. 5) possono essere dovuti alla formazione di gruppi metilici o metilenici aventi doppi legami o atomi di ossigeno vicinali, come già osservato in analoghi studi sui polimeri acrilici /13/.
Le bande relative ai νC-H della resina Paraloid B-66 subiscono uno spostamento del numero d'onda verso valori più elevati, maggiori cioè rispetto a quelli rilevati per gli altri due polimeri. Particolare risulta la forma della banda relativa ai νC=O (fig. 6) che mostra un allargamento /14/ dovuto alla formazione, durante il processo di degrado, di altri composti carbonilici, anche non esterei.
Più visibili risultano le modifiche nel caso della resina Paraloid B-72, che mostra la comparsa, dopo irraggiamento UV, di un flesso di media intensità attorno ai 1770 cm^{-1}, attribuibile alla formazione di nuovi prodotti, forse di natura anidridica, sia a ponte che in seno ad una stessa catena polimerica.
In corrispondenza delle variazioni osservate negli assorbimenti tipici dei νC=O, si notano sensibili modifiche delle bande associate con i νC-O-C rilevabili nella zona compresa tra 1350 e 850 cm^{-1} (fig. 7).
Uno dei più appariscenti fenomeni causati dai processi di fotolisi sulle resine in esame è un evidente ingiallimento del prodotto. Questo fenomeno è legato probabilmente alla formazio-

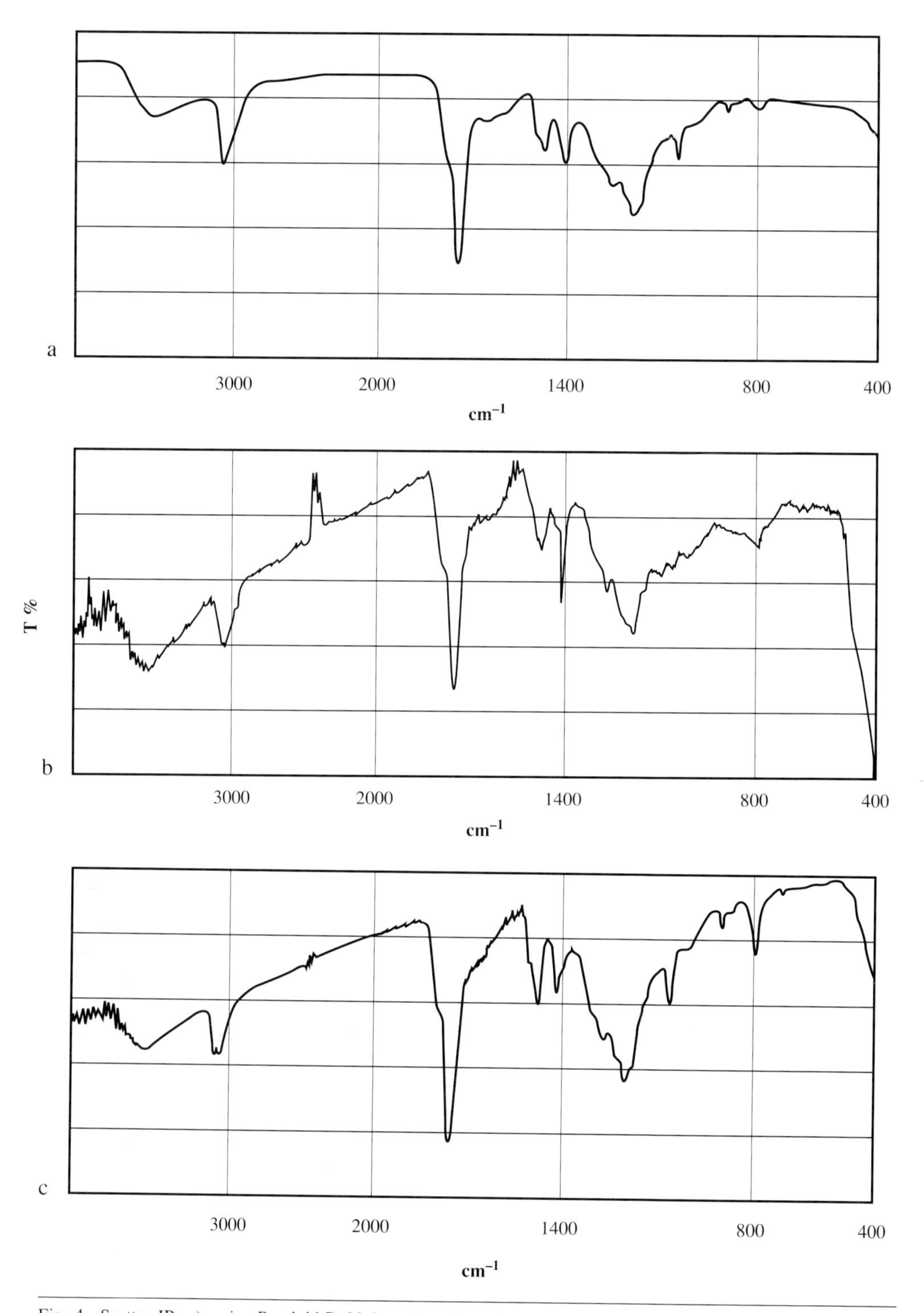

Fig. 4 Spettro IR: a) resina Paraloid B-66 degradata; b) resina Paraloid B-67 degradata; c) resina Paraloid B-72 degradata.

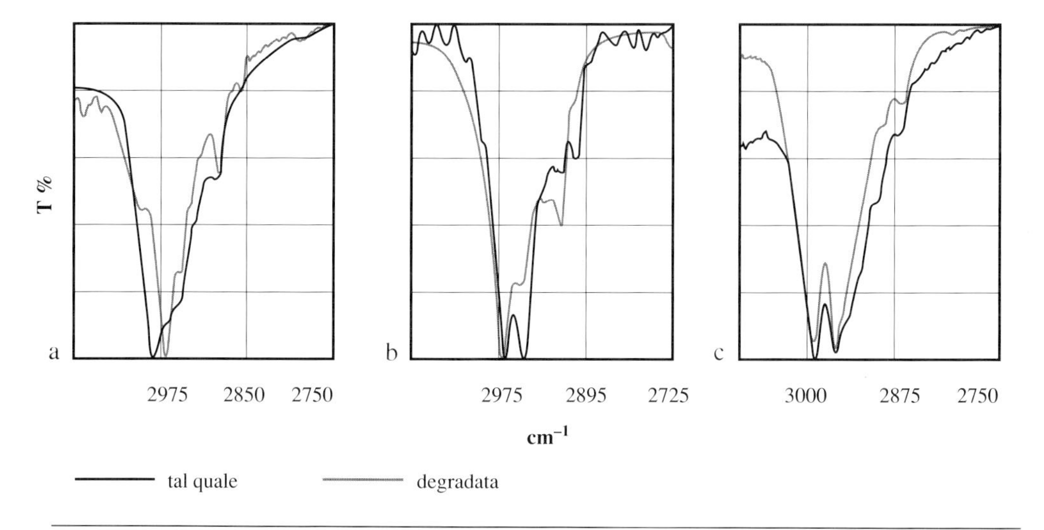

Fig. 5 Spettri IR della zona compresa tra 3100 e 2700 cm^{-1} relativi alle resine Paraloid B-66, B-67, B-72 pure e degradate: a) B-66; b) B-67; c) B-72.

ne di doppi legami coniugati nella catena polimerica e dette modifiche sono collegabili alle variazioni osservate attraverso l'analisi delle bande νC-H negli spettri IR delle resine degradate. L'allargamento della banda carbonilica riscontrato in tutti i campioni di resina esaminati, è sicuramente attribuibile alla formazione di nuovi composti carbonilici, quali aldeidi e chetoni, a seguito delle trasformazioni tanto dei gruppi esterei laterali quanto da depolimerizzazione, la quale comporta variazioni del peso molecolare del polimero.

3.2 Valutazione dell'efficacia dei protettivi

Dalla Tabella 1 si possono rilevare i dati di angolo di contatto e di grado di assorbimento d'acqua ottenuti da misure effettuate sui campioni dei materiali lapidei trattati con i diversi polimeri, esposti e non esposti.
Esaminando i singoli prodotti in funzione del supporto, prima dell'esposizione, possiamo dire che nel caso del Paraloid B-66 per tutti e tre i litotipi si ha una diminuzione dell'angolo di contatto con l'aumentare délla concentrazione della soluzione. La variazione della quantità di prodotto applicato non sembra invece determinare particolari variazioni dell'angolo di contatto nel caso dell'applicazione di soluzioni al 20%.
Nel caso del Paraloid B-67 si osserva un comportamento analogo al precedente con eccezione della pietra d'Istria che presenta valori comunque abbastanza simili tra loro.
Per il Paraloid B-72 applicato su pietra d'Istria e marmo di Carrara non si rilevano particolari variazioni di angolo di contatto in relazione alla concentrazione della soluzione e alla quantità di prodotto presente, mentre per la pietra di Vicenza si evidenzia un comportamento analogo a quello osservato per gli altri due protettivi.
In generale la pietra di Vicenza mostra valori di angolo di contatto più elevati rispetto agli altri due litotipi; inoltre le quantità dei tre diversi polimeri risultano decisamente superiori in questo caso rispetto a quelle individuate su pietra d'Istria e marmo di Carrara. Ciò è dovuto alla assai maggiore porosità della pietra di Vicenza rispetto agli altri due materiali.

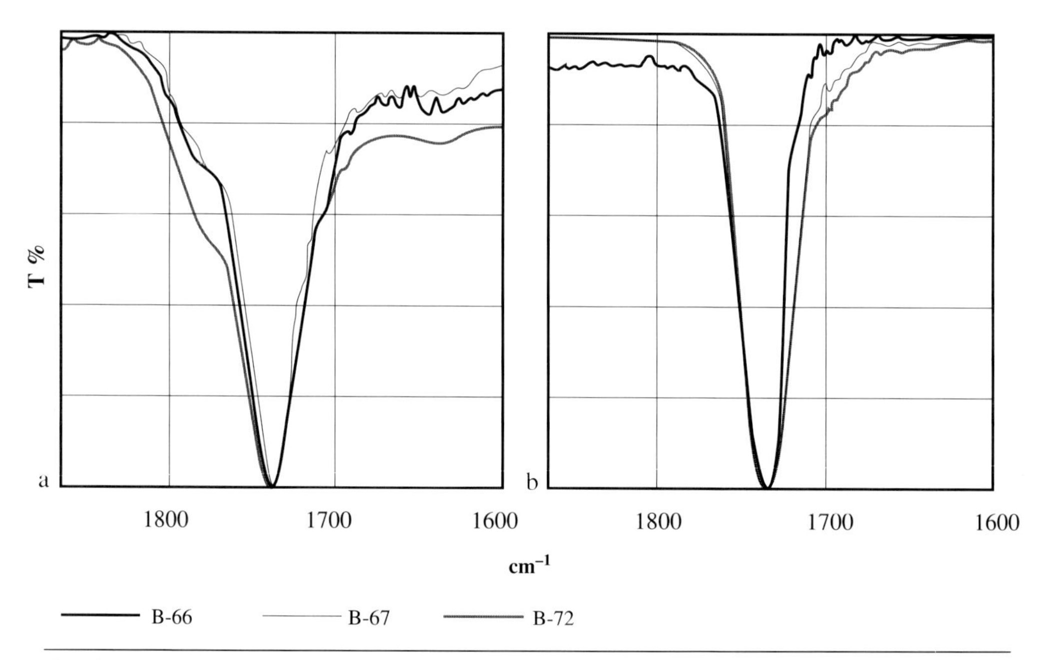

Fig. 6 Spettri IR della zona compresa tra 1850 e 1650 cm^{-1} relativi alle resine Paraloid B-66, B-67, B-72: a) pure; b) degradate.

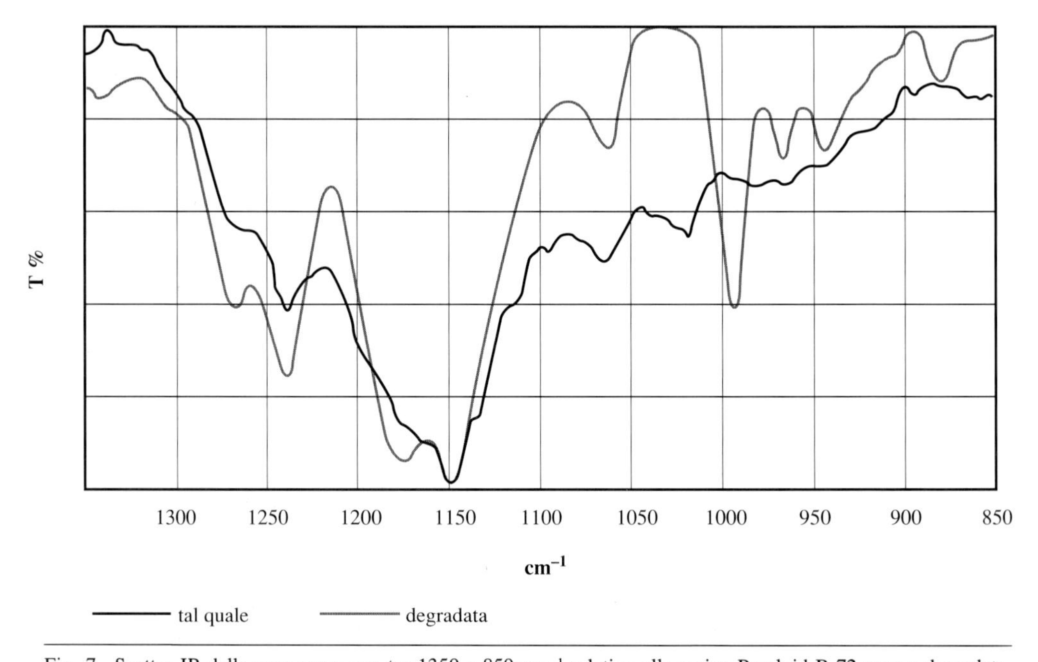

Fig. 7 Spettro IR della zona compresa tra 1350 e 850 cm^{-1} relativo alla resina Paraloid B-72 pura e degradata.

Gli elevati valori di angolo di contatto rilevati sui campioni non esposti e trattati con le soluzioni più diluite conferma quanto già noto in letteratura /15/ e giustifica l'uso di questi polimeri in concentrazioni inferiori al 10%. Il prodotto più diluito ha la possibilità di disporsi meglio sulla superficie ricoprendola uniformemente, mentre ciò risulta più difficile lavorando con concentrazioni più elevate.

Dopo un'esposizione di dodici mesi all'esterno si osserva una generale diminuzione, anche rilevante, dei valori di angolo di contatto, sia per trattamenti effettuati con protettivi diluiti (5%), che per trattamenti con polimeri al 20%, anche se in questo caso le diminuzioni risultano più contenute.
Nel caso del Paraloid B-66 a bassa concentrazione i valori di angolo di contatto misurati su tutti e tre i diversi litotipi tendono a zero, mentre per i trattamenti effettuati con la resina a concentrazione superiore si evidenziano diminuzioni abbastanza contenute, ad eccezione della pietra di Vicenza che riporta un valore nettamente inferiore rispetto a quello rilevato sul campione non esposto.
Per la pietra d'Istria ed il marmo di Carrara trattati con i protettivi B-67 e B-72 si osserva un appiattimento dei valori di angolo di contatto attorno a 50°, indipendentemente dalla quantità di polimero e dalla sua natura.
Per la pietra di Vicenza le variazioni dei valori di angolo di contatto sono, come già osservato, molto evidenti e non confrontabili con quelle rilevate negli altri casi. Comunque anche in questo caso i trattamenti effettuati con resine a bassa concentrazione portano a valori pressochè nulli.

Le diminuzioni di angolo di contatto rilevate possono essere messe in relazione con le variazioni subite dalla catena polimerica a seguito dell'esposizione, variazioni rilevate attraverso la spettrofotometria in IR su campioni invecchiati artificialmente. Queste variazioni si rilevano anche sui campioni esposti all'esterno, sebbene siano più contenute.
Le modifiche subite dalla catena polimerica a livello dei CH, in particolare nel caso della resina Paraloid B-66, comportano la formazione di C metilenici a scapito di quelli metilici, con conseguente diminuzione dell'angolo di contatto, come osservato in altri studi /16/.
Senz'altro intervengono anche fattori fisici dovuti alla rottura del film polimerico a seguito dell'esposizione, con conseguente diminuzione dei valori di angolo di contatto. Sarà necessario valutare quanto queste diminuzioni dipendano da fenomeni chimici e quanto da fattori fisici.

Le misure di grado di assorbimento di acqua effettuate su campioni trattati ma non ancora esposti, mettono in evidenza la relazione esistente tra la quantità di prodotto ed il valore del grado di assorbimento. In particolare per la pietra d'Istria si osserva una diminuzione di questo valore conseguente ad un aumento della quantità di protettivo presente, indipendentemente dalla sua natura, sebbene per il Paraloid B-72 si siano rilevati dei valori superiori rispetto agli altri protettivi. Analogo comportamento si osserva per la pietra di Vicenza, benché, sempre nel caso del Paraloid B-72 si siano verificate leggere discrepanze nei valori di grado di assorbimento che risultano praticamente indipendenti dalla quantità di polimero. È da notare che in questo caso i valori di assorbimento di acqua sono molto elevati, comportamento da mettere sempre in relazione all'elevata porosità del litotipo.
Nel caso del marmo di Carrara si ha un andamento inverso a quello rilevato per gli altri due litotipi: aumentando la quantità di polimero il valore relativo al grado di assorbimento aumenta, o si mantiene costante, mentre per il trattamento con Paraloid B-72 si ritorna al

Tab. 1 Valori di angolo di contatto A° e di grado di assorbimento d'acqua relativi a campioni trattati con i protettivi in esame

Campione	Resina Paraloid	Pietra d'Istria				Pietra di Vicenza				Marmo di Carrara			
		C%	mg/cm ^{2}	A°	G. Ass. (μl/cm ^{2})	C%	mg/cm ^{2}	A°	G. Ass. (ml/cm ^{2})	C%	mg/cm ^{2}	A°	G. Ass. (μl/cm ^{2})
non esposto	B-66	5	0,85	110	14,0	5	2	125	0,595	5	0,75	112	9,9
esposto	B-66	5	0,85	0	*	5	2	0	*	5	0,75	0	*
non esposto	B-66	20	1,7	79	8,5	20	8	111	0,448	20	2,00	64	9,9
esposto	B-66	20	1,7	53	27,5	20	8	42	0,439	20	2,00	52	45,5
non esposto	B-66	20	4,75	80	4,9								
esposto	B-66	20	4,75	49	7,0								
non esposto	B-67	5	1,12	77	11,3	5	4,86	125	0,565	5	2,28	110	11,3
esposto	B-67	5	1,12	55	62,8	5	4,86	0	0,581	5	2,28	57	84,0
non esposto	B-67	20	2,86	85	1,8	20	7,57	108	0,412	20	2,75	84	16,9
esposto	B-67	20	2,86	54	5,6	20	7,57	23	0,581	20	2,75	53	32,5
non esposto	B-72	5	0,95	86	18,0	5	3,71	124	0,496	5	0,86	80	9,9
esposto	B-72	5	0,95	45	24,6	5	3,71	0	0,651	5	0,86	54	140,0
non esposto	B-72	20	1,71	75	9,9	20	11,43	96	0,510	20	2,80	79	2,8
esposto	B-72	20	1,71	44	16,5	20	11,43	35	0,581	20	2,80	51	38,1
non esposto	B-72	20	4,28	82	7,3								
esposto	B-72	20	4,28	47	8,4								

* Campioni le cui condizioni non hanno permesso di effettuare una prova significativa.

comportamento osservato nei casi precedenti: cioé, ad un aumento di protettivo corrisponde una diminuzione dei valori di assorbimento di acqua. Inoltre, questo litotipo non discrimina tra i vari tipi di protettivo, quando utilizzati a basse concentrazioni.
Dopo l'esposizione si ha un aumento generale dei valori, a volte tale da non consentire misure significative, in particolare per il Paraloid B-66 a bassa concentrazione per tutti e tre i litotipi. Molto più contenuti sono gli aumenti di grado di assorbimento relativi a campioni trattati con quantità maggiori di polimero e ancora minori risultano le variazioni relative alla pietra d'Istria.
Nel caso della pietra di Vicenza é interessante notare il comportamento rilevato per il Paraloid B-67 che, nonostante trattamenti con concentrazioni diverse delle soluzioni, dopo esposizione porta a valori di assorbimento uguali.
Lo stesso fenomeno si riscontra poi per il Paraloid B-72 al 20% dopo esposizione.

Le misure di colore (Tab. 2) hanno confermato quanto già noto in letteratura /4/, e cioè che il semplice trattamento di superfici lapidee comporta delle variazioni cromatiche, consistenti in un aumento del tono di colore. Questo effetto risulta meno evidente sul marmo sia per il suo aspetto cromatico iniziale (rilevato cioè sul materiale non trattato), che per la sua natura morfologica superficiale, compatta e quindi particolarmente favorevole alla formazione di film con spessore, uniformità ed indice di rifrazione migliori rispetto agli altri materiali lapidei. La pietra di Vicenza, nonostante mostri una superficie compatta, ha una colorazione naturale tendente al giallo che influisce senz'altro sui trattamenti, portando ad un effetto finale più evidente rispetto al marmo. Analogamente si comporta la pietra d'Istria.

Tab. 2 Dati espressi come differenza di colore prima e dopo invecchiamento, dei litotipi trattati

Litotipo	Resina Paraloid tipo e %	ΔE^*_{ab}	ΔL^*	Δa^*	Δb^*
Pietra d'Istria	B-66 20%	4,26	– 3,56	0,20	2,33
Pietra d'Istria	B-67 20%	4,29	– 3,48	0,38	2,47
Pietra d'Istria	B-67 5%	0,56	– 0,31	– 0,01	– 0,47
Pietra d'Istria	B-72 20%	6,04	– 5,01	0,57	3,33
Pietra d'Istria	B-72 5%	2,72	– 2,11	0,12	1,71
Pietra di Vicenza	B-66 20%	6,29	– 5,73	1,08	2,36
Pietra di Vicenza	B-67 20%	3,70	– 3,67	0,27	– 0,03
Pietra di Vicenza	B-67 5%	3,47	– 3,44	0,24	0,43
Pietra di Vicenza	B-72 20%	6,07	– 5,73	0,65	1,90
Pietra di Vicenza	B-72 5%	4,15	– 4,14	0,27	0,21
Marmo di Carrara	B-66 20%	2,02	– 1,99	0,29	0,10
Marmo di Carrara	B-67 20%	1,71	– 1,66	0,19	– 0,36
Marmo di Carrara	B-67 5%	1,00	– 0,93	0,21	0,29
Marmo di Carrara	B-72 20%	2,89	– 2,86	0,37	0,28
Marmo di Carrara	B-72 5%	2,86	– 2,55	0,33	1,25

Tab. 3 Misure di colore su litotipi trattati e non esposti				
Litotipo	ΔE*	ΔL*	Δa*	Δb*
Pietra di Vicenza	5,01	- 2,77	1,25	3,98
Pietra d'Istria	3,55	- 2,79	0,34	2,21
Marmo di Carrara	0,89	0,12	- 0,07	- 0,88

In Tabella 3 sono riportati, come esempio, i dati di colore riferiti al trattamento con Paraloid B-66 al 20% effettuato sui tre tipi di pietra non esposti, ottenuti utilizzando come riferimento i dati relativi ai litotipi non trattati.
Come già detto, si può osservare come il solo trattamento abbia effettivamente modificato il tono complessivo dei litotipi. Nel caso del marmo le variazioni sono molto più contenute, mentre per gli altri litotipi sono molto più consistenti, in particolare per quanto riguarda lo spostamento verso il colore giallo. Si registrano comunque variazioni anche in termini di brillanza.
Dopo l'esposizione si rilevano delle variazioni di colore in tutti i campioni, anche se nel caso del Paraloid B-67 si registrano valori meno consistenti.
Il marmo, come visto prima dell'esposizione, non risente in modo particolare delle modifiche cromatiche avvenute, a differenza degli altri due litotipi.
Interessante risulta l'analisi dei dati relativi ai parametri Δa* e Δb*, legati il primo agli spostamenti spettrali dal rosso al verde ed il secondo dal giallo al blu. Le variazioni di Δa* sono più contenute rispetto a quelle relative al termine Δb*, cioè si rileva una generale tendenza all'ingiallimento da parte di tutti i campioni.
Questo fatto è probabilmente riconducibile a quanto osservato attraverso l'analisi in spettrofotometria IR, e cioè all'evidenziazione di doppi legami coniugati e di nuovi composti carbonilici venutisi a formare a causa del degrado /17/.
Infine, si può rilevare che i trattamenti effettuati con prodotti più concentrati portano a variazioni cromatiche più evidenti.

3.3 Esame al microscopio elettronico a scansione

Le osservazioni al SEM, eseguite sia sui campioni esposti che su quelli non esposti, hanno messo in evidenza che le pellicole superficiali inizialmente uniformi (figg. 8, 9), subiscono delle modifiche, dopo esposizione all'aperto, tali da portare a rottura del film superficiale del protettivo (figg. 10, 11). In figura 12 si possono osservare delle fessurazioni del film che raggiungono anche il substrato lapideo.
Questo effetto appare particolarmente evidente sui campioni di pietra di Vicenza (fig. 13), che presenta disomogeneità marcate legate anche alla natura ed alla morfologia stessa della pietra. Queste disomogeneità sono molto probabilmente responsabili degli elevati valori di grado di assorbimento rilevati sui campioni esposti.

4 Conclusioni

In questo lavoro abbiamo potuto accertare i diversi fenomeni di degrado subiti dai polimeri esaminati. L'ingiallimento della superficie trattata risulta il fenomeno più evidente.

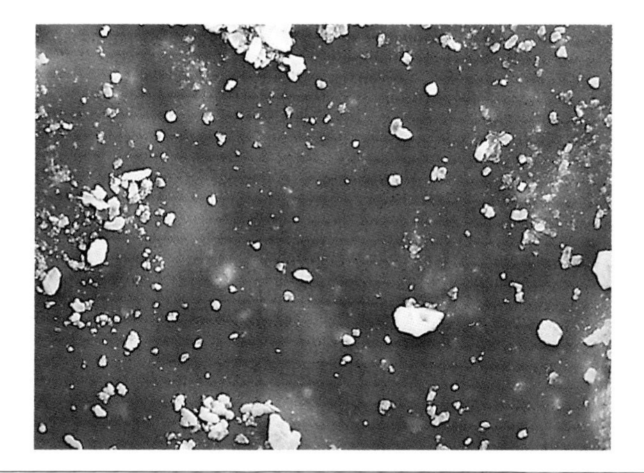

Fig. 8 Marmo di Carrara, campione non esposto trattato con B-72 (X 1000).

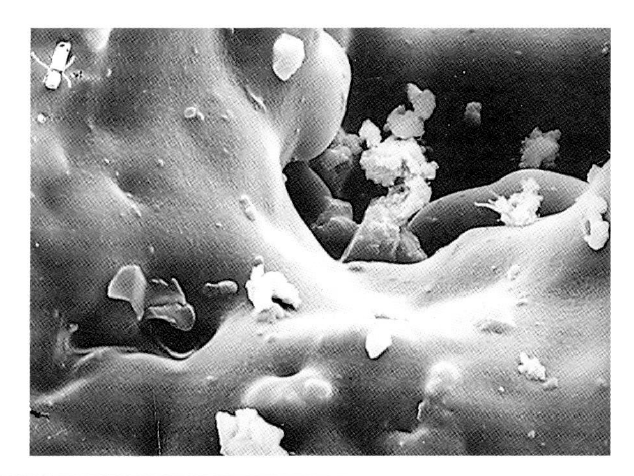

Fig. 9 Pietra di Vicenza, campione non esposto trattato con B-72 (X 2700).

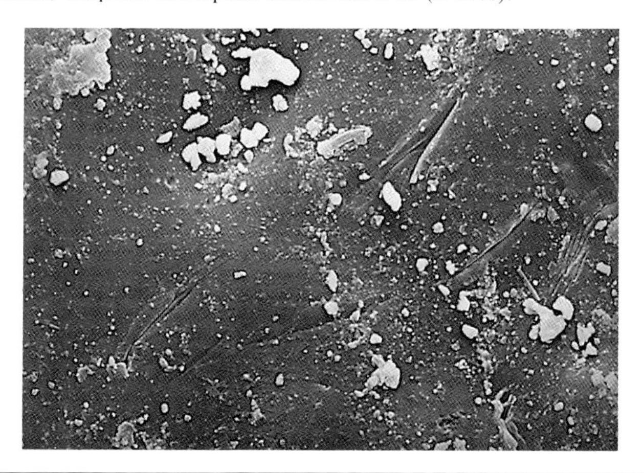

Fig. 10 Marmo di Carrara, campione esposto trattato con B-72 (X 1000).

Fig. 11 Pietra d'Istria, campione esposto trattato con B-72 (X 2000).

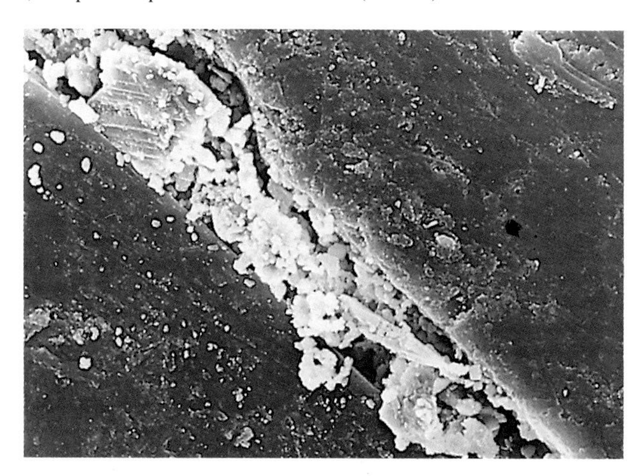

Fig. 12 Pietra d'Istria, campione esposto trattato con B-67 (X 1000).

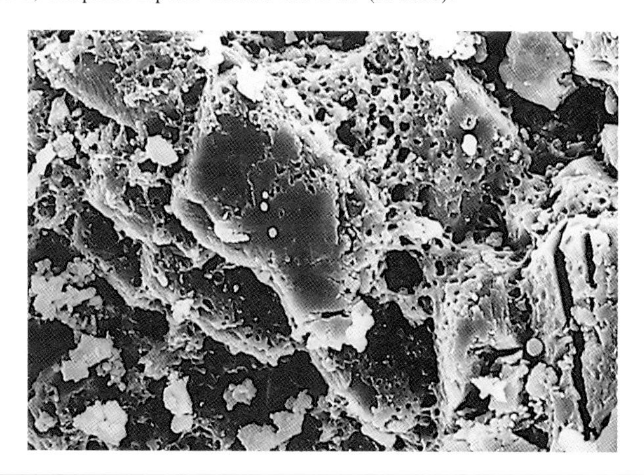

Fig. 13 Pietra di Vicenza, campione esposto trattato con B-72 (X 1400).

Le alterazioni sono causate sia da fenomeni fisici che chimici; i primi sono stati rilevati attraverso l'analisi al microscopio a scansione (SEM), che ha mostrato fratture e disomogeneità sulla superficie dei campioni trattati. I fenomeni chimici che intervengono nel degrado sono stati invece rilevati attraverso la spettrofotometria in IR, che ha messo in luce la formazione di nuovi prodotti, responsabili dell'ingiallimento della superficie.
Prima dell'esposizione, i valori di angolo di contatto mostrano valori più alti quando i trattamenti avvengono con prodotti diluiti, in quanto in queste condizioni i polimeri si possono adattare meglio alla superficie; però questi trattamenti non sono in grado di garantire una buona resistenza all'invecchiamento, come viene rilevata invece nel caso di trattamenti eseguiti con soluzioni più concentrate. In questo secondo caso i valori di angolo di contatto non dipendono dalla quantità di polimero applicata sulla superficie della pietra.
Dopo l'esposizione all'esterno, i valori di angolo di contatto diminuiscono, in particolare nel caso di trattamenti con protettivi diluiti.
Le indagini al SEM hanno messo in evidenza in questi casi la formazione di fessurazioni e di discontinuità del film polimerico. Il fenomeno risulta meno evidente per i campioni trattati con soluzioni più concentrate.
Anche le misure di colore risentono della quantità di polimero; infatti i campioni trattati con maggiore quantità di resina mostrano un'evidente variazione cromatica. La migliore efficacia protettiva sembra quindi comportare una maggiore alterazione del colore.
È necessario ora valutare quanto i fenomeni chimici influiscano sulla diminuzione delle capacità protettive dei polimeri esaminati e quanto invece incidano i fenomeni fisici. Per questo motivo riteniamo utile verificare le variazioni subite dai parametri in esame dopo brevi periodi di esposizione.

Si ringrazia il Prof. C. Botteghi per gli utili consigli durante la fase sperimentale di questo lavoro.

(Ricevuto: 13.11.1990)

Riferimenti bibliografici

1 G. Biscontin, C. Botteghi, C. Dalla Vecchia, G. Driussi, G. Moretti, A. Valle, *Stability study of siliconic resins employed in the stone conservation*, in Preprints ICOM-CC 8th Triennial Meeting, Sidney 1987, pp. 785-790;
2 R.L. Feller, *Studies on the photochemical stability of the thermoplastic resins*, in Preprints ICOM-CC 4th Triennial Meeting, Venezia 1975, 75/22/4;
3 M. Laurenzi Tabasso, U. Santamaria, *Consolidant and protective effects of different products on Lecce limestone*, in Atti del V Congrès International sur *L'alteration et la conservation de la pierre*, Lausanne 1985, Presses Polytechniques Romandes, Lausanne, 1985, pp. 697-707;
4 G. Biscontin, G. Driussi, A. Valle, *Color changes in resin treated stone materials, in Scientific methodologies applied to works of art*, Firenze 1984, Montedison Progetto Cultura, Milano 1986, pp. 100-103;
5 C.V. Horie, *Materials for conservation*, Butterworths, London 1987;
6 A.E. Charola, M. Laurenzi Tabasso, U. Santamaria, *The effect of water on the hydrophobic properties of an acrylic resin*, in Atti del V Congrès International sur *L'alteration et la conservation de la pierre*; Lausanne 1985, Presses Polytechniques Romandes, Lausanne 1985, pp. 739-747;
7 G. Accardo, R. Cassano, P. Rossi-Doria, P. Sammuri, M. Tabasso, *Screening of products and methods for the consolidation of marble*, in Atti del Simposio Internazionale *The conservation of stone*, Bologna 1981, Centro per la conservazione delle sculture all'aperto, Bologna 1981, pp. 721-735;
8 Rohm and Haas, *Acryloid*, Bollettino 1983;
9 Rossi Manaresi, *Effectiveness of conservation treatments for the sandstone of monuments in Bologna*, in Atti del Simposio Internazionale *The conservation of stone, Bologna 1981*, Centro per la conservazione delle sculture all'aperto, Bologna 1981, pp. 665-688;
10 M.A. Rosa, L. Stafferi, *Le rocce nell'edilizia*, Libreria Cortina, Torino 1979;

11 R.F. Gould (ed.), *Contact angle, wettability and adhesion* (Advances in Chemistry Series 43), Washington D.C. 1964;
12 P. Frediani, C. Manganelli del Fà, U. Matteoli, F. Piacenti, P. Tiano, *Perfluoropolyethers as water repellents for the protection of stone*, in Preprints ICOM-CC 6th Triennial Meeting, Ottawa 1981, 81/10/6;
13 J.P. Allison, *Photodegradation of poly (metyl metacrylate)*, J. Polym. Sci., 4, (1966), 1209;
14 K. Morimoto, S. Suzuki, *Ultraviolet irradiation of poly (alkyl acrylates) and poly (alkyl methacrylates)*, J.Appl. Polym. Sci., vol 16 (1972), 2947;
15 E. de Castro, *Studies on stone treatments*, in 4th International Congress on *Deterioration and preservation of stone objects*, Louisville 1988;
16 N.K. Adam, B.E.P. Elliot, *Contact angles of water against saturated hydrocarbons*, J.Chem. Soc. 2206 (1962).

Gli Autori:
G. Biscontin, E. Zendri, Dip. di Scienze ambientali, Università di Venezia; A. Schionato, Dip. di chimica, Università di Venezia.

Summary

The ageing properties of some widely used acrylic resins (Paraloid B-66, Paraloid B-67 and Paraloid B-72) were tested by exposure to solar and ultraviolet lamp radiation.
Samples prepared by application of an ethyl ether solution over glass slides were exposed to a UV lamp (500 W at 25 cm distance, 30 days) and the chemical modification of the polymer films was studied by infra-red spectrophotometry (FTIR).
30-day artificial UV exposure of acrylic coatings caused the formation of an ether-insoluble fraction, coloured in yellow, which showed modifications in the C-H band (possibly related to the formation of conjugated double bonds) and in the carbonyl and ester bands (oxidation to aldehyde or ketone of ester side chains).
In the natural exposure experiment, coatings were applied on a high porosity (Vicenza) and a low porosity limestone (Istria), and on white marble (Carrara) in 5% and 20% concentrations in toluene.
The protective efficiency of the films, before and after one-year of natural exposure, was evaluated by the measurement of the contact angle and the rate of water absorption through the surface («pipette» method).
Colour changes were appreciated by means of a CIELab colorimeter.
After one year exposure the IR absorption spectra were not significantly modified but the water repellency of the coatings was reduced, particularly in the case of coatings applied from 5% solutions, as witnessed by the increase of the water absorption rate and the sharp decrease of the contact angle.
The contact angle collapsed to zero for Paraloid B-66 on all three types of stone and for all coatings on the very porous Vicenza limestone; B-67 and B-72 however offered decent performances on Istria (29% and 48% reduction respectively) and on Carrara (48% and 45%).
Coatings applied from 20% solutions behaved better on average, showing reductions of the contact angle between 33% and 43% on Istria limestone, between 62% and 79% on Vicenza limestone, and between 19% and 37% on Carrara marble, with Paraloid B-66 not appearing at a disadvantage but even faring a little better than the other two types.
Initial colour measurements showed that the change of hue and brilliancy caused by the application of the resin coatings was quite marked on Vicenza limestone and somewhat lower on Istria stone. Colour variation was much smaller on marble.
After ageing a general tendency to a decrease in brilliancy and to an increase of the yellow hue was observed, but again this effect was definitely smaller on the Carrara marble and the coatings on Istria limestone showed less change than the ones on the Vicenza stone.
Observation at the SEM of the exposed surfaces showed the appearance of cracks in the resin films which were particularly numerous in the case of the Vicenza limestone, thus accounting for the poor performance of all coatings on that stone.

Il metodo delle «eddy currents» per l'esame strutturale dei monumenti in bronzo

Maurizio Marabelli, Marcello Medori

Viene discussa l'applicabilità, ai fini degli esami strutturali di bronzi antichi, del metodo delle «eddy currents»*, basato sulla misura delle variazioni d'impedenza di correnti elettriche indotte in un conduttore. Da un esperimento effettuato sui c.d.* Bronzi di Riace *è risultato che il metodo è in grado di individuare e localizzare con buona precisione le discontinuità presenti nella lega, derivanti da un'assai ampia gamma di difetti di fusione, interventi riparativi e danni strutturali.*

1 Premessa

In occasione dei vari esami a cui ultimamente sono stati sottoposti i così detti *Bronzi di Riace* (Museo Archeologico di Reggio Calabria) si è ottenuta una conferma significativa dell'utilità del metodo delle *«eddy currents»* (correnti indotte) nell'accertamento delle condizioni strutturali dei monumenti in bronzo[1].
Con tale tecnica possono essere rilevate eventuali discontinuità della lega metallica, osservando le variazioni di impedenza della bobina-testa di misura dello strumento. Tale bobina infatti, alimentata da una corrente alternata, genera, per induzione magnetica all'interno di un qualsiasi conduttore, delle correnti la cui intensità e distribuzione dipende dalle caratteristiche chimico-fisiche del materiale in esame (fig. 1).

2 Potenzialità del metodo

I valori delle correnti indotte possono variare da punto a punto di un reperto bronzeo per effetto di:
– variazioni di conduttività elettrica del metallo per diversa composizione della lega, per diverso trattamento termico in fase di fusione, oppure in conseguenza di lavorazioni meccaniche a freddo;
– soluzioni di continuità del metallo in senso longitudinale, porosità interne, inclusioni, assottigliamenti della parete del getto (se lo spessore esaminato è tale da rientrare nel campo

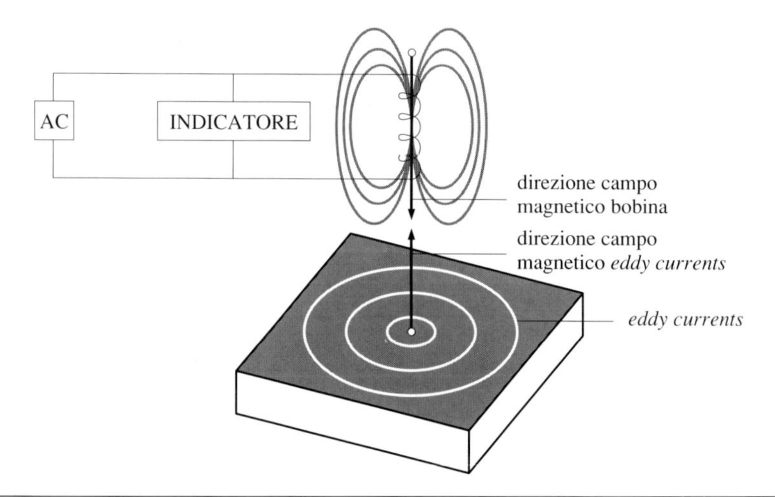

Fig. 1 Vengono mostrate le direzioni del campo magnetico determinato dal passaggio di corrente in una bobina-testa di misura e del contrapposto campo magnetico originato dalle correnti indotte all'interno del manufatto. L'apparecchio registra in pratica le variazioni di impedenza della bobina, determinate dalle variazioni strutturali e di composizione della lega, lungo la linea di spostamento della testa di misura sulla superficie del manufatto.

di azione della bobina) e infine crinature, anche se profonde pochi decimi di mm, qualunque ne sia la natura.
In particolare le cricche possono essere così classificate:
– cricche associate a microcavità da ritiro per velocità di solidificazione differenziata, causata da disomogeneità di spessore e/o da raffreddamento disomogeneo;
– cricche e microcavità da ritiro per leghe che solidificano in un ampio intervallo di temperatura;
– cricche per brusco raffreddamento del getto;
– cricche di trattenuta per ostacolato ritiro da parte della forma;
– cricche per rilascio strutturale di tensioni a freddo;
– cricche da *stress* meccanici esercitati sul materiale in opera, ivi compresi meccanismi di tensocorrosione e fatica.

A questo elenco si devono aggiungere alcune altre discontinuità, che vengono rilevate dallo strumento come crinature:
– bordi di tassellature inserite meccanicamente nella struttura;
– saldature difettose, presentanti discontinuità, che non assicurano un collegamento strutturale.

Saldature con discontinuità sono state localizzate in bronzi antichi ottenuti da getti fusi separatamente e successivamente collegati; come esempio si può riportare la statua equestre di *Marco Aurelio*, in cui i cordoni di saldatura interni sono stati esaminati con gli ultrasuoni /1/. Dalla distribuzione degli spessori si può desumere che il cordone interno di saldatura è distaccato pressoché totalmente dalle sottostanti pareti del getto che hanno uno spessore medio di 5-6 mm. È opportuno ricordare che le soluzioni di continuità sopra indicate non sono evidenziabili in altro modo – in moltissimi casi – per la sottigliezza, per l'irregolarità dello sviluppo e per la presenza, al loro interno e in superficie, dei prodotti di corrosione della lega.

Una limitazione del metodo è data invece dal fatto che la misura delle correnti indotte non può dare informazioni circa la genesi delle cricche; inoltre difetti di vario genere come soffiature per sviluppo di gas, porosità da ritiro, soluzioni di continuità parallele alla superficie, riprese di fusione, inclusioni, forti assottigliamenti possono determinare disturbi nelle misure impedendo un rilevamento corretto delle cricche.
A quest'ultimo riguardo è anche da precisare che la penetrazione delle correnti indotte dipende, per materiali amagnetici, dalla frequenza utilizzata e dalla conduttività σ espressa in % IACS, secondo la nota formula:

$$d \text{ (profondità di penetrazione standard 37\%)} = 660 \,/\, \sqrt{F \cdot \sigma}$$

Pertanto, causa il ristretto *range* di frequenza utilizzato, non è stato possibile, in questa fase preliminare della ricerca, definire il livello esatto di penetrazione di cricche e discontinuità (penetrazione max ~ 1-2 mm).

3 Misure e risultati

Per i *Bronzi di Riace* è stata utilizzata una apparecchiatura NAMICON NDT 18 (*single probe* ϕ 1/8", frequenza 200-300 KHz), adottando la tecnica del punto mobile. In questo caso una crinatura o comunque una discontinuità associabile concettualmente con una crinatura (vedi bordi di tasselli o saldature difettose), determinano una traccia sullo schermo dell'analizzatore inclinata, rispetto alla curva del *lift-off*, e diretta verso il valore dell'impedenza della bobina in aria, con ampiezza proporzionale alla sua profondità (fig. 2). Ancora, porosità

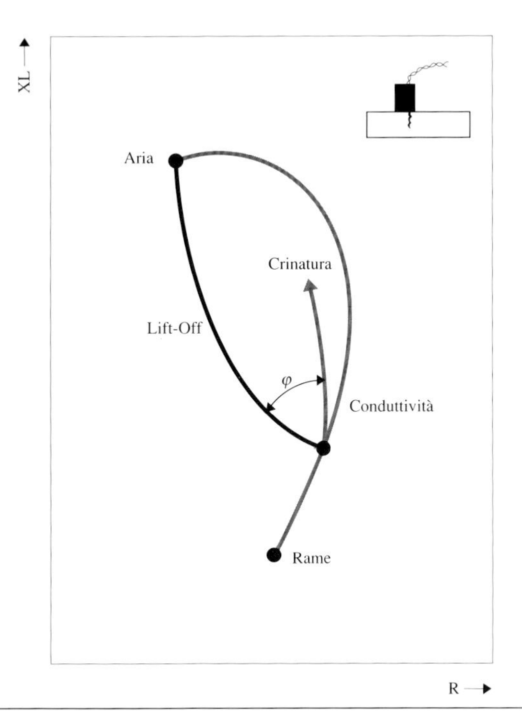

Fig. 2 La traccia del punto mobile in presenza di una crinatura è inclinata, rispetto alla curva del *lift-off*, e diretta verso il valore dell'impedenza in aria, ed ha un'ampiezza proporzionale alla sua profondità.

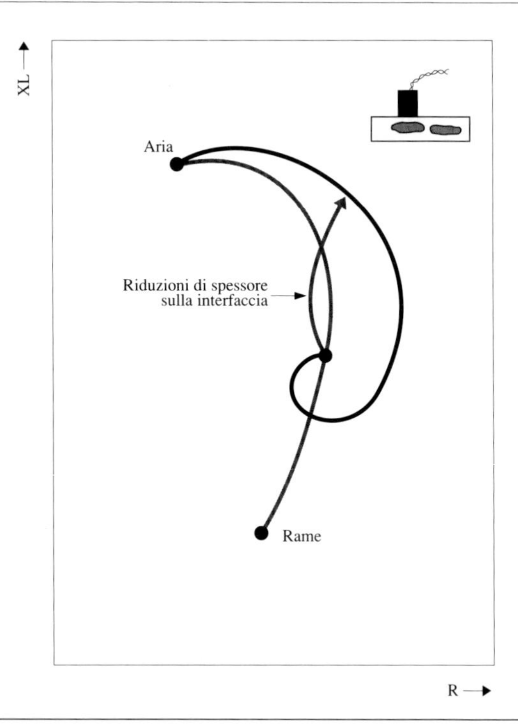

Fig. 3 La traccia del punto mobile si muove dal valore di impedenza in aria (spessore 0), seguendo una traiettoria che si congiunge con la curva della conduttività IACS, quando la bobina-testa di misura incontra nel suo spostamento valori crescenti di spessore, a partire da uno spessore prossimo a 0.

sub-superficiali ossidate e assottigliamenti possono determinare rispettivamente i segnali schematizzati nelle figure 3 e 4.
Infine, variazioni di conduttività per variazioni di composizione spostano il punto mobile lungo la linea della conduttività (fig. 5) /2/.
Nelle Tabelle 1 e 2 si riportano alcuni valori di conduttività IACS misurati in differenti zone delle statue. La misura è risultata particolarmente complessa, anche perchè la conduttività σ risente fortemente, oltreché delle variazioni di composizione, delle lavorazioni meccaniche e termiche subite dalla lega /3/.
Durante la campagna di misura sono state esaminate, per individuare cricche e discontinuità, tutte le superfici esterne sufficientemente regolari e pianeggianti da consentire un appoggio corretto della testa di misura. Per documentazione sono stati apposti sulla superficie delle due statue quattro diversi tipi di contrassegni per localizzare le seguenti particolarità:
– cricche superficiali, saldature con discontinuità strutturali superficiali, bordi di tasselli;
– cricche o discontinuità in saldature, che si possono definire profonde per l'estensione del loro sviluppo e per l'intensità del segnale strumentale;
– tasselli associati o meno a porosità sub-superficiali, di dimensioni ridotte.
Al termine delle misure è stata eseguita la documentazione fotografica ed è stata disegnata la mappa delle cricche, delle discontinuità e dei tasselli, utilizzando i prospetti fotogrammetrici delle due statue. In pratica, sono state individuate, e valutate in maniera semiquantitativa, le seguenti principali particolarità, così distribuite nelle due statue:
– statua A: 19 cricche e/o discontinuità delle saldature; bordi di 21 tasselli di varie dimensioni;

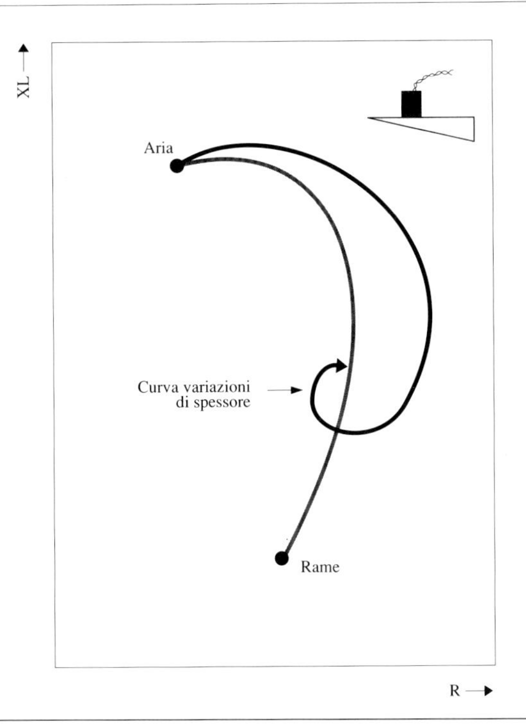

Fig. 4 Quando la testa di misura incontra nel suo spostamento una porosità, il punto mobile descrive una curva che a partire dal valore di conduttività delle zone integre sale verso la curva delle variazioni di spessore, già vista in figura 3.

– statua B: 23 cricche c.s.; bordi di 24 tasselli c.s.

Nella figura 6 si riportano i prospetti frontali delle due statue con le principali linee di saldatura, secondo le più recenti ipotesi, suffragate dalle indagini RX coordinate da M. Micheli.

In base ai risultati ottenuti si possono trarre le sottoelencate conclusioni preliminari, che saranno tuttavia da integrare con i risultati delle altre tecniche *NDT* utilizzate in questo caso specifico (gammagrafia, radiografia, ultrasuoni), con le analisi metallografiche e con i risultati delle analisi già pubblicate /4/.

i. Estese discontinuità sono concentrate per entrambe le statue nella zona alta delle spalle ed in corrispondenza delle saldature delle braccia; nel caso della statua B, in particolare, le discontinuità relative ai piedi e alle saldature delle braccia si possono considerare profonde; a differenza della statua B, la statua A presenta complessivamente un numero minore di difetti e soprattutto è caratterizzata da saldature strutturali, senza soluzioni di continuità profonde, fatta eccezione della zona dorsale dei piedi.

ii. Alcune cricche delle gambe possono essere dovute alla corrosione galvanica del sostegno d'anima in ferro che, ossidandosi e dilatandosi, ha provocato fratture nel getto; un esempio è dato dalla lunga frattura, questa volta nettamente visibile, interessante la regione genuale e crurale mediale della gamba destra della statua B.

iii. Nel getto delle statue sono inseriti, in numero notevole e talora con addensamenti caratteristici (vedi per esempio la regione inguinale-femorale sinistra della statua B), tasselli di piccole dimensioni ($\phi \leqslant 5$ mm). Molti tasselli sono stati inseriti in aree presentanti presumibilmente difetti superficiali del tipo porosità da gas o mancanze per cedimenti dell'anima, a mezzo di lavorazione meccanica (martellatura), previa regolarizzazione dei bordi; la finitura dell'intervento e la patina di corrosione formatasi successivamente hanno fatto sì che la maggior parte dei tasselli rilevati non sia distinguibile ad occhio nudo.

iv. Nell'eseguire misure di conduttività sono stati riscontrati, per alcuni tasselli, valori notevolmente più elevati rispetto a quelli del metallo circostante, il che lascia supporre che per le operazioni di finitura della superficie mediante tassellatura e per alcune saldature siano state utilizzate leghe a più alto contenuto di rame.

v. Alcune cricche si diramano da un bordo dei tasselli e/o collegano alcuni tasselli fra di loro; tali cricche possono essere state determinate da un difetto originario di fusione e/o dall'operazione di martellatura necessaria per l'inserimento dei tasselli stessi.

4 Conclusioni

Nel presente rapporto sono stati riportati i risultati di una prima sperimentazione sull'utilizzazione delle correnti indotte. In questa fase la ricerca ha avuto un carattere esplorativo tendente a definire potenzialità e limiti della metodologia e a stabilire una normativa di procedimento. Comunque, fin da questa sua prima applicazione nel settore dei metalli antichi, il metodo di analisi strutturale con le correnti indotte si è rivelato di indubbia utilità per le sue caratteristiche di sensibilità, riproducibilità, praticità d'uso e non invasività.

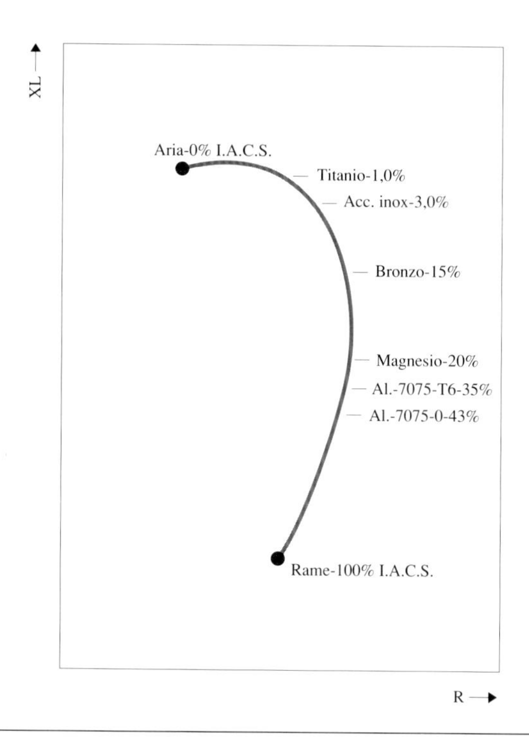

Fig. 5 Curva della conduttività in unità % IACS, per vari materiali amagnetici. Il punto luminoso si sposta lungo questa curva quando incontra una variazione di composizione.

Per un superamento del già ricordato limite relativo al ristretto *range* di frequenza utilizzato, con la conseguente incerta definizione dell'effettiva profondità di cricche e discontinuità, è in programma un approfondimento delle ricerche con l'esecuzione di misure a varie frequenze, su campioni di composizione definita e con discontinuità trasversali di profondità nota. Ci si ripromette inoltre di verificare l'applicabilità del metodo anche per controllare l'evoluzione nel tempo di cricche tipiche, individuate su monumenti bronzei di grandi dimensioni.

Tab. 1 Conduttività (in unità % IACS) statua A*	
Fascia capelli	7,5 - 8,6
Viso	8,4 - 9,9
Petto	9,2 - 10,0
Dorso	9,0 - 10,3
Dorso, a sinistra, grande tassello	12,5 - 15,6
Spalla sx, regione deltoidea	9,3 - 10,5
Vaschetta di saldatura braccio sx	10,2 - 11,8
Braccio sx	8,4 - 9,8
Avambraccio sx	8,0 - 9,6
Piastra attacco scudo	7,5 - 9,8
Vaschetta di saldatura mano sx	12,5 - 16,0
Mano sx	7,2 - 8,7
Spalla dx, regione deltoidea	8,8 - 10,0
Braccio dx	6,5 - 8,0
Avambraccio dx	8,2 - 8,8
Mano dx	8,2 - 9,7
Coscia sx	9,2 - 10,4
Piede sx. sez. anteriore	8,4 - 10,8
Coscia dx	8,8 - 10,0
Piede dx, sez. anteriore	8,3 - 9,6

Tab. 2 Conduttività (in unità % IACS) statua B*	
Viso	8,1 - 10,0
Calotta	9,3 - 10,7
Collo	10,5 - 14,7
Petto	8,5 - 9,0
Dorso	8,7 - 9,5
Spalla sx, regione deltoidea	8,3 - 9,3
Braccio sx	8,4 - 9,2
Piastra attacco scudo	8,4 - 10,2
Avambraccio sx	9,8 - 11,3
Mano sx	10,1 - 11,3
Spalla dx, regione deltoidea	8,8 - 10,8
Tassello saldatura braccio dx	15,7 - 15,9
Braccio dx	8,2 - 10,6
Avambraccio dx	9,2 - 10,7
Mano dx	9,2 - 11,0
Coscia sx	8,2 - 9,8
Piede sx. sez. anteriore	9,7 - 10,7
Coscia dx	8,3 - 10,4
Piede dx, sez. anteriore	9,7 - 11,1

* Valori minimi e massimi derivanti da una serie di 10-20 misure per zona.

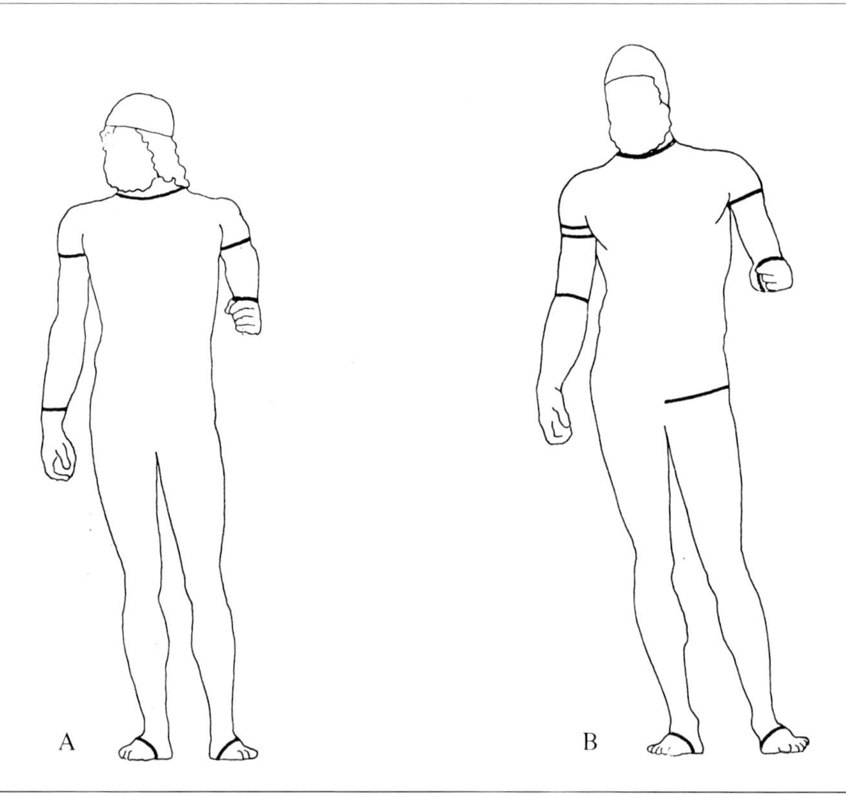

Fig. 6 Sezioni costitutive delle statue di Riace A e B.

Si ringrazia il Sig. M. Micheli dell'ICR, coordinatore della campagna radiografica sulle due statue, che ha discusso con gli autori i risultati di questa ricerca, delineando l'ipotesi più probabile di assemblaggio delle due statue.
Il Sig. M. Leotta e il Sig. G. Santonico hanno curato la documentazione fotografica, la Sig.ra M.A. Gorini la parte grafica.
Si ringrazia anche il personale tecnico della Soprintendenza Archeologica di Reggio Calabria, coordinato dal Dott. G. Spadea e dalla Dott.ssa E. Lattanzi, per la collaborazione e il sostegno organizzativo.

(*Ricevuto: 6.10.1990*)

Note

1 Il metodo delle *«eddy currents»* è stato finora principalmente utilizzato nell'industria metallurgica e nel campo aeronautico per il controllo di strutture fortemente sollecitate, nelle quali possano insorgere o propagarsi crinature sottili, difficilmente accertabili con altre tecniche di controllo. Per una chiara esposizione del metodo e delle sue applicazioni si può far riferimento a: - AIM (a cura di), *Le prove non distruttive*, Milano 1984, vol. II, pp. 1227-1392; - G. Magistrali, A. Rastaldo, G. Torrida (a cura di), *Correnti indotte*, AIPnD, Torino 1985; - M. Medori (a cura di), *Corso Eddy Currents*, Alitalia, (Fiumicino, s.d.).

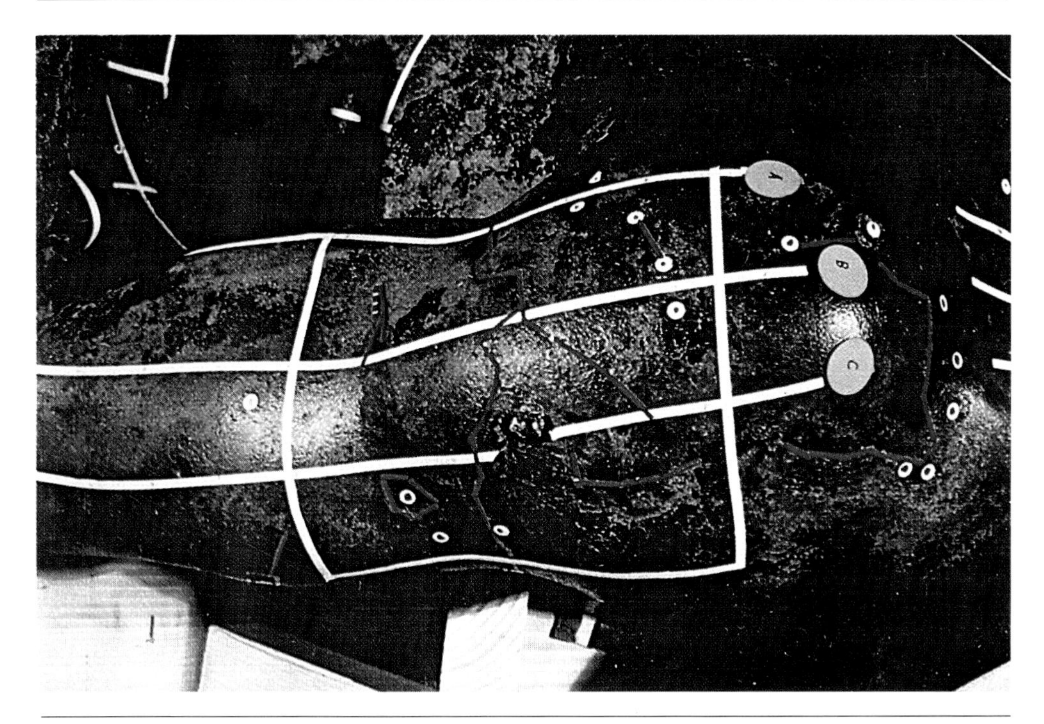

Fig. 7 Sono evidenziate per la statua B (braccio sinistro), con linee sottili, le discontinuità strutturali del braccio. I cerchietti contrassegnano i tasselli di piccole dimensioni (con superfici della stessa entità). Le linee bianche più marcate, con andamento parallelo, indicano le direttrici utilizzate per le misure ultrasonore.

Riferimenti bibliografici

1 G. Cannella, M. Marabelli, A. Marano, M. Micheli, G. Vincenzi, *Distribuzione degli spessori ed esame delle saldature nel Marco Aurelio*, in ICR Comune di Roma, *Marco Aurelio - Mostra di cantiere*, catalogo della Mostra, Arti Grafiche Pedanesi, Roma 1984, pp. 50-53;
2 M. Medori, *Utilizzazione del piano di impedenza nelle ispezioni eddy currents e sue significative applicazioni nei controlli di strutture aeronautiche*, in Atti della 2ª Conferenza Nazionale Biennale sulle PnD, AIPnD Venezia Lido 1983, pp. 1-9;
3 M. Medori, *Indagini C.N.D. sul Cavallo Mazzocchi*, Rapporto Alitalia, settembre 1984;
4 AA.VV., *Due bronzi da Riace*, Bollettino d'Arte, 3ª serie speciale, (1984), voll. I-II.

Gli Autori:
M. Marabelli, ICR, Roma; M. Medori, Alitalia, Fiumicino (Roma).

Summary

Non-destructive investigation of metals by means of «eddy currents» *is widely used in the metallurgical and aereonautical industries to detect internal flaws in structural elements subjected to high magnitude stresses.*

The present paper reports on the successful application of the method to the study of two Greek statues recently found in the Tyrrhenian sea (the so-called Riace bronzes*) in order to ascertain the general condition of the casts, with particular reference to internal flaws which may weaken their structure and cause some danger in case of displacement.*

Actually it was possible to detect in the bronzes the presence of non-structural weldings, internal cracks and ancient repairs by metal inlay.

In addition, electrical conductivity measurements carried out according to the IACS (International Annealed Copper Standard) on several parts of the statues revealed a probable copper enrichment in some parts (inlays and weldings).

It was thus possible to reach the conclusion that statue «B» shows marked structural discontinuities in the arms and in the feet.

Notwithstanding the complexity of its application, which requires the presence of a highly qualified personnel, non-destructive testing by «eddy currents» *appears to be a promising method for the structural investigation of large bronze statues as it provides data which are complementary of those obtainable by x-ray and ultrasonic investigation.*

Studio delle tecniche di disgregazione per le indagini diagnostiche delle malte

Lucio Cimitan, Pier Paolo Rossi, Attilio Zaninetti

L'analisi di malte e calcestruzzi nei fabbricati antichi è spesso richiesta per fornire un supporto agli studi storici o alla preparazione di un progetto di restauro. La validità dei risultati è però compromessa dall'interferenza di legante e aggregato che introduce un elemento di incertezza nell'interpretazione dei risultati.
Il laboratorio ISMES ha sperimentato la disgregazione di malte e calcestruzzi mediante uno shock termico provocato dall'immersione in azoto liquido. Dopo questo trattamento il materiale disgregato viene passato in un bagno a ultrasuoni e quindi attraverso una serie di setacci. Le frazioni intermedie sono ulteriormente frazionate con liquidi pesanti e al microscopio. Si presentano i risultati del particolare tipo di analisi su campioni di un calcestruzzo moderno e di due malte prelevate da murature medievali.

1 Premessa

Le analisi che si effettuano sulle malte o sui calcestruzzi per conoscerne le caratteristiche originarie, le eventuali variazioni chimiche, fisiche e meccaniche intervenute a seguito del degrado e dell'invecchiamento, sono indispensabili per meglio programmare gli interventi di restauro. La validità della loro interpretazione può essere però limitata da numerosi parametri, poiché, ad esempio, sia l'aggregato che i prodotti del degrado possono avere caratteristiche facilmente confondibili con le caratteristiche del legante, creando non poche difficoltà. È interessante, quindi, ricercare la possibilità di separare nel modo più rigoroso possibile i diversi componenti della malta per poterli analizzare separatamente e permettere la valutazione del rapporto tra aggregato e legante, problema ancora aperto.
In questo lavoro è descritta la sperimentazione di un metodo per disgregare campioni di malta o di calcestruzzo; sono state inoltre provate tecniche per separare le due fasi (legante ed aggregato).
Va sottolineato che le varie metodologie descritte sono state applicate, nel presente lavoro, su malte e calcestruzzi confezionati con aggregato eminentemente siliceo.

2 Disgregazione

2.1 Disgregazione manuale a secco e mediante cicli gelivi
Inizialmente è stata verificata la fattibilità, ed il tempo di realizzazione, della disgregazione manuale a secco, tecnica già percorsa in passato da altri autori. Poiché è stato riscontrato

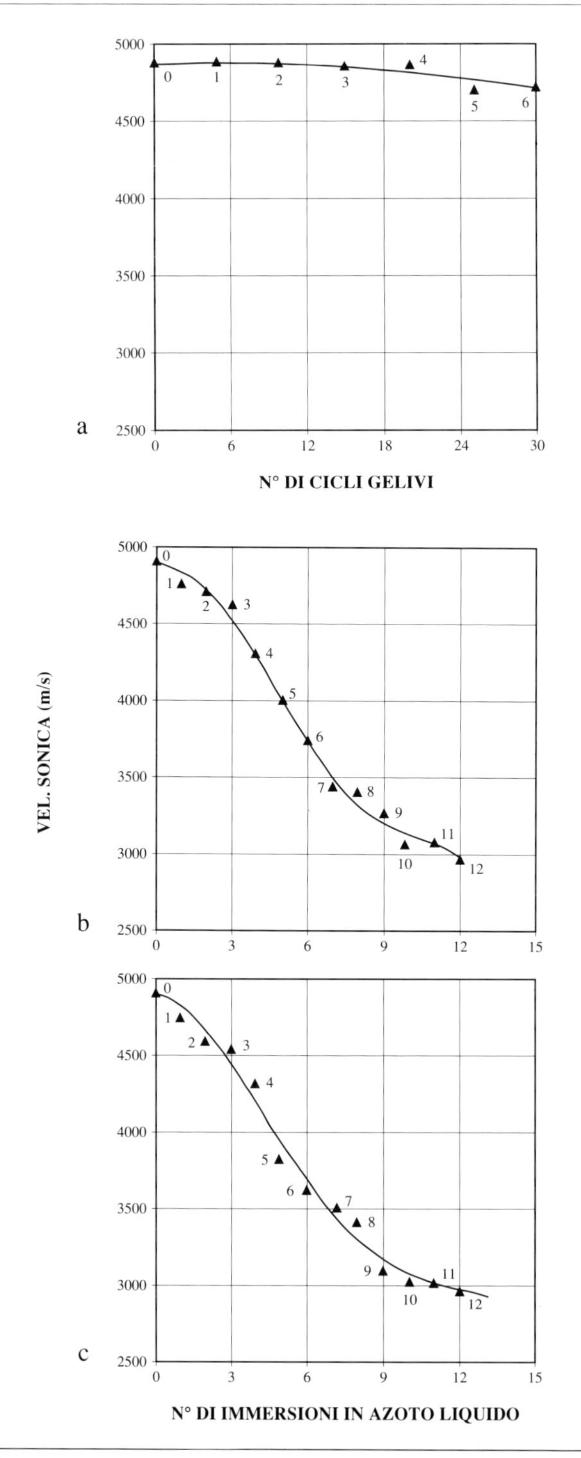

Fig. 1 Diagrammi delle velocità soniche (v.s.): a) variazioni della v.s. durante i cicli gelivi (valori ottenuti mediando le letture su 10 campioni ogni 5 cicli); b) medie delle v.s. misurate sui campioni del gruppo A; c) medie delle v.s. misurate sui campioni del gruppo B.

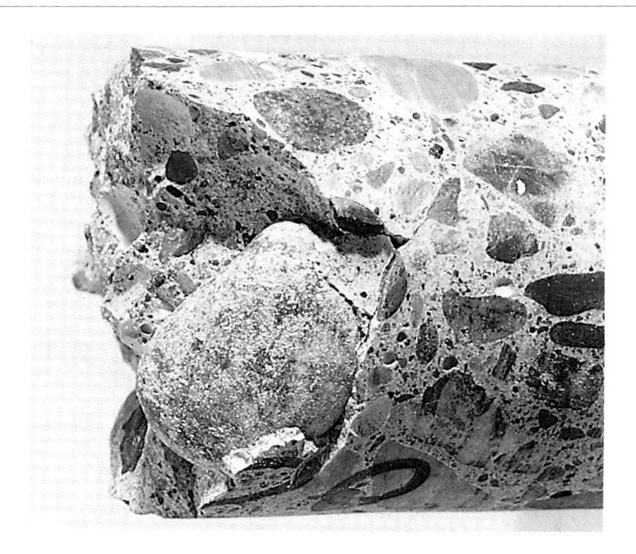

Fig. 2 Distacco netto del legante dall'aggregato.

che è praticamente impossibile riuscire a ripulire in modo accettabile i clasti dell'aggregato dal legante, e a causa del notevole tempo impiegato per l'operazione, questo metodo è stato ben presto abbandonato.
In un secondo tempo è stato effettuato, su campioni di calcestruzzo (denominati «C»), un tentativo di disgregazione mediante esposizione a cicli di gelo e disgelo (-20°C, +40°C). Le misure della velocità di propagazione delle onde soniche, eseguite all'inizio delle prove e ogni cinque cicli di gelo-disgelo (fig. 1a) per verificarne gli effetti sulla struttura, hanno indicato risultati poco significativi, pertanto la prova è stata interrotta dopo 15 giorni, al termine del 30° ciclo.
È stato ipotizzato che, a causa della «lentezza» delle variazioni di temperatura dell'acqua di imbibizione, durante il processo di solidificazione si verificasse un graduale adattamento dei cristalli di ghiaccio in formazione alle fratture dei campioni, ed una conseguente migrazione dell'acqua non ancora gelata verso l'esterno delle fratture stesse, rallentando l'effetto di disgregazione dovuto all'aumento di volume.

2.2 Disgregazione per mezzo di shock termico con azoto liquido

Per sopperire alla scarsa efficacia dei cicli gelivi è stato sperimentato un procedimento di congelamento con azoto liquido, ottenendo così uno shock termico di particolare violenza. Sono stati utilizzati campioni cilindrici di calcestruzzo, ricavati da carotaggi eseguiti in una diga, aventi 50 mm di diametro e 100 mm di altezza. Forma e dimensioni sono state condizionate dalla necessità di effettuare misure di propagazione delle onde soniche, per controllare gli effetti del congelamento.
Un ciclo di congelamento era così costituito: i campioni venivano imbibiti in acqua distillata e, dopo essere stati estratti dal bagno e sgocciolati, venivano immersi in un bagno di azoto liquido. Successivamente i campioni venivano riscaldati in cella termostatica (+40°C).
I cicli sono stati ripetuti fino a completa disgregazione dei campioni.

La prova è iniziata con 20 campioni (suddivisi in due gruppi denominati A e B), prevedendo eventualmente di ridurne il numero qualora il loro comportamento allo shock termico fosse risultato simile; la prova doveva comunque concludersi con almeno tre campioni disgregati per ciascun gruppo.
La velocità di propagazione delle onde soniche, per mezzo della quale si sono valutati i risultati ottenuti, è stata misurata a umido all'inizio delle prove e dopo ogni ciclo di shock termico.
Esaminando i diagrammi (fig. 1, b-c), ottenuti dalla media dei valori rilevati su tutti i dieci campioni costituenti ogni singolo gruppo, si osserva chiaramente una drastica riduzione della velocità sonica già dopo il terzo ciclo. Le misure di velocità sonica sono state interrotte dopo il 12° ciclo per la avvenuta rottura dei campioni.
Con osservazioni stereomicroscopiche è stato rilevato che la fratturazione ottenuta correva lungo il bordo dei frammenti di aggregato e che solo in rari casi le fratture interessavano i frammenti stessi (fig. 2).
Dopo il dodicesimo ciclo (avvenuta rottura dei campioni), vista l'omogeneità di comportamento dei campioni, le prove sono proseguite con tre soli campioni per gruppo.
I cicli di shock termico sono stati effettuati fino ad un massimo di 18 cicli per campione, quando le due fasi costituenti la malta si presentavano sufficientemente separate.
Dopo il collasso i campioni sono stati posti in un bagno ad ultrasuoni, è stato infatti riscontrato che questo ulteriore trattamento è determinante per completare la separazione delle particelle di legante dai clasti di aggregato, in quanto effettua una vera e propria pulizia, come si può osservare nella figura 3.

Fig. 3 Granuli di aggregato dopo l'azione degli ultrasuoni.

3 Separazione del legante dall'aggregato

La ricerca si proponeva sia di ottenere una frazione legante rappresentativa, non contaminata da elementi appartenenti all'aggregato, sia di ricostruire la curva granulometrica della malta o del calcestruzzo da caratterizzare.
Poiché dopo le operazioni descritte legante ed aggregato rimanevano coesistenti, è stato necessario individuare una serie di procedure per ottenere la discriminazione fisica delle due fasi.

3.1 Vagliatura

I campioni erano stati vagliati allo scopo di facilitare le osservazioni allo stereomicroscopio. Poichè la frazione inferiore a 75 μm risultava composta di legante fortemente arricchito ed i frammenti di aggregato rappresentavano poche unità percento, il legante stesso poteva ritenersi rappresentativo della composizione media del campione.

3.2 Separazione con liquidi pesanti

Il legante non subiva una completa disgregazione, riscontrandosene alcuni noduli e nelle frazioni superiori a 75 μm. Si è pertanto proceduto alla separazione delle fasi aggregato-legante con «liquidi pesanti».
Sono stati utilizzati liquidi (o miscele di liquidi) con densità diverse a partire da 1,5, ottenendo i migliori risultati tra 2,50 e 2,65. Il precipitato era composto di aggregato praticamente puro, mentre il sospeso era ancora una miscela di legante ed aggregato.
Le frazioni in sospensione sono state separate manualmente allo stereomicroscopio (frazioni >250 μm), oppure si è proceduto alla valutazione della composizione al microscopio a luce trasmessa (frazioni comprese tra 75 e 250 μm).
La riduzione di materiale, ottenuta con i metodi precedentemente descritti, ha diminuito enormemente il carico di lavoro necessario per questa operazione.

3.3 Curva granulometrica e rapporto aggregato-legante

L'insieme delle operazioni descritte ha permesso di ottenere una separazione sufficiente del legante dall'aggregato, è stato quindi possibile ricostruire la curva granulometrica dell'aggregato (fig. 4).
È stato ricostruito, inoltre, il rapporto ponderale tra legante ed aggregato dei vari campioni (Tab. 1).

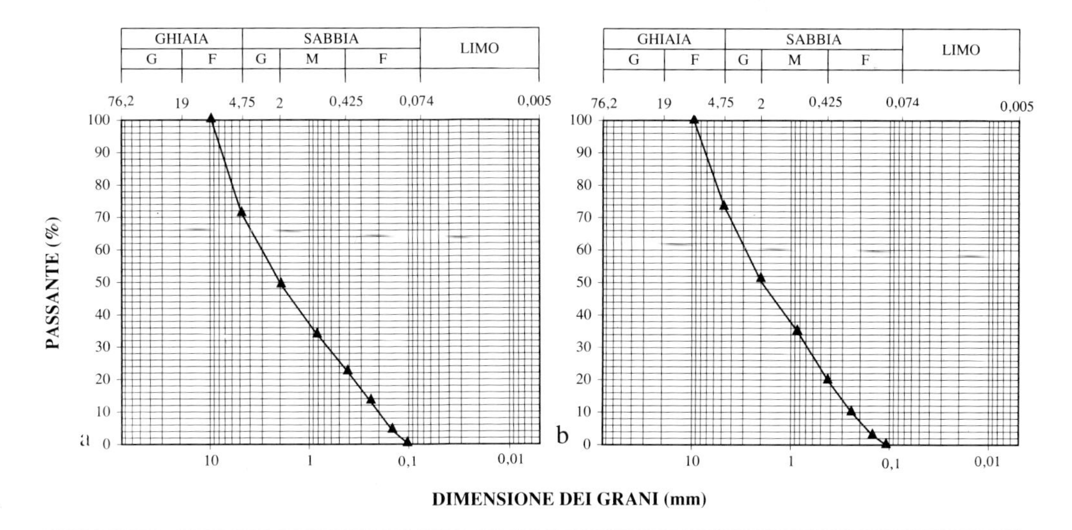

Fig. 4 Curva granulometrica media: a) dei campioni del gruppo A; b) dei campioni del gruppo B.

Tab. 1 Rapporti ponderali aggregato-legante del calcestruzzo		
	media campione gruppo A	media campione gruppo B
Peso iniziale	542,5 100 %	531,6 100 %
Peso aggregato	383,2 70,6%	402,3 75,7%
Peso legante	158,4 29,2%	127,7 24,0%
Perdita in peso	0,9 0,2%	1,6 0,3%

La perdita in peso riscontrata, che in parte va attribuita alla perdita di sali solubilizzati durante le operazioni di disgregazione, non assume importanza tale da invalidare il risultato ottenuto.

4 Studio sull'applicazione del metodo sulle malte antiche

Alcuni campioni di malte antiche di diversa provenienza sono stati sottoposti a disgregazione con il trattamento precedentemente descritto, al fine di verificare l'applicabilità del metodo anche in questo campo di notevole interesse.
Si riportano due esempi: il primo si riferisce ad una torre medievale ligure, il secondo ad un edificio tardo medievale toscano.

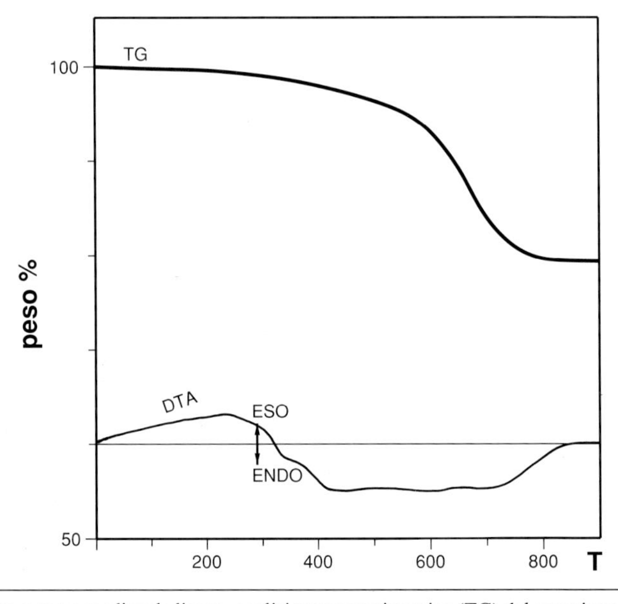

Fig. 5 Malta di una torre medievale ligure, analisi termogravimetrica (TG) del campione prima del frazionamento.

4.1 Torre medievale ligure

I campioni utilizzati per questa ricerca sono stati prelevati dalle malte di allettamento dei quattro lati del manufatto in esame.

I campioni tal quali e le rispettive frazioni leganti ottenute dalla disgregazione sono stati sottoposti ad analisi termogravimetrica.

Riportiamo, a titolo di esempio, l'analisi TG-DSC sul tal quale del campione prelevato sul lato ovest (simile peraltro a tutte le altre), e la TG-DSC del solo legante (i rispettivi diagrammi alle figure 5, 6).

Nel diagramma relativo al campione tal quale si nota una perdita costante di peso, probabilmente causata dalla decomposizione dei carbonati (valutati come 32,51% in peso), senza particolari anomalie; non sono evidenti fenomeni esotermici.

Nel diagramma relativo al legante del campione prelevato sul lato ovest si nota una perdita in peso tra 326°C e 483°C, che potrebbe essere attribuita alla decomposizione di $MgCO_3$. La perdita in peso tra 483°C e 750°C è attribuita alla decomposizione del $CaCO_3$. Intorno ai 326°C una perdita in peso del 3%, con reazione esotermica, fa supporre la presenza di sostanza organica.

Si sottolinea che la presenza di sostanza organica, ritenuta intenzionale e non da inquinamento, è stata rilevata unicamente dall'analisi del solo legante, mentre non è stata evidenziata dalla TG-DSC del totale della malta, a causa della diluizione eccessiva dovuta all'aggregato.

Le analisi chimiche riscontrano la presenza di magnesio, a conferma di quanto rilevato dalle termogravimetrie eseguite sulla frazione legante.

La disgregazione ha permesso inoltre di caratterizzare l'aggregato dei campioni esaminati, con osservazioni microscopiche, granulometriche, misure di sfericità, ecc., su una notevole quantità di materiale. Ne è emerso che si tratta di un aggregato eminentemente sabbioso, costituito da clasti a bassa o molto bassa sfericità ed alto arrotondamento. Inoltre, la notevole

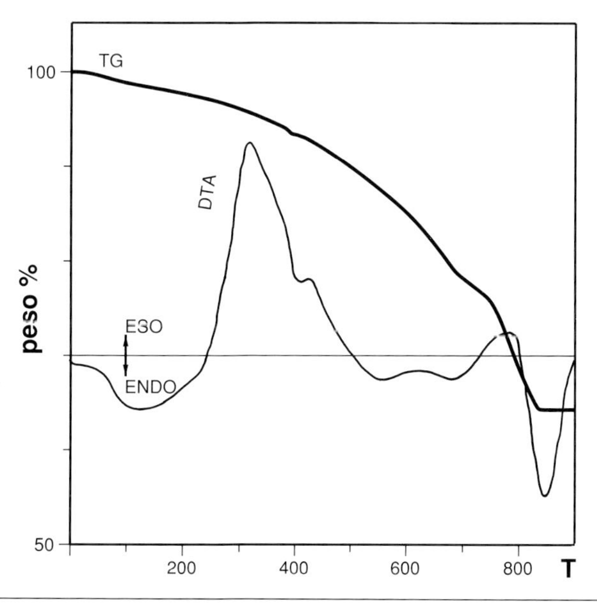

Fig. 6 Malta di una torre medievale ligure, analisi termogravimetrica (TG) della frazione legante separata dall'aggregato.

Tab. 2 Rapporti ponderali aggregato-legante della malta di un edificio toscano tardo medievale						
Peso iniziale	29,6 100 %	52,7 100 %	45,5 100 %	51,8 100 %	44,5 100 %	224,1 100 %
Peso aggregato	20,1 67,9%	38,0 72,1%	31,9 70,1%	37,8 73,0%	31,9 71,6%	159,7 71,3%
Peso legante	8,1 27,4%	12,4 23,5%	11,9 26,2%	11,6 22,4%	11,7 26,3%	55,7 24,9%
Perdita in peso	1,4 4,7%	2,3 4,4%	1,7 3,7%	2,4 4,6%	0,9 2,1%	8,7 3,9%

somiglianza dei campioni osservati suggerisce l'ipotesi che l'aggregato provenga da una unica cava di prestito.

4.2 Edificio tardo medievale toscano

Anche nel caso in esame dopo la separazione dell'aggregato dal legante sono stati ricostruiti il rapporto ponderale fra legante ed aggregato (Tab. 2) e la curva granulometrica dei campioni considerati (fig. 7), desumendone che l'aggregato è eminentemente sabbioso.
Si ritiene che la perdita in peso riscontrata sia dovuta in gran parte alla dissoluzione di sali solubili.

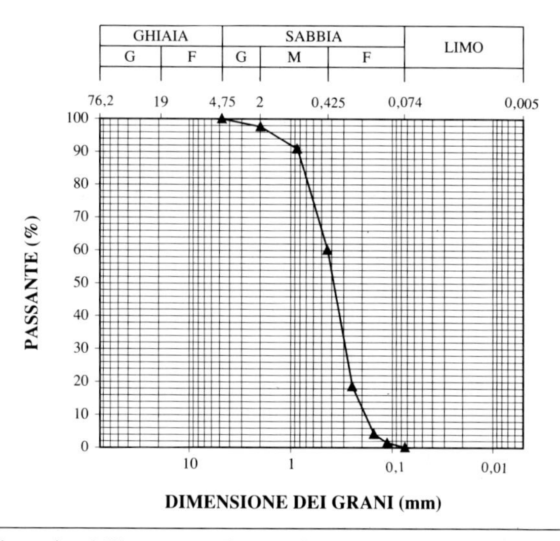

Fig. 7 Curva granulometrica dell'aggregato di un edificio toscano tardo medievale.

5 Conclusioni

Con il metodo sopra descritto e riassunto nello schema a blocchi della figura 8 si ottiene un aggregato sufficientemente pulito dal legante. Lo shock termico non danneggia i granuli, tranne nei casi in cui probabilmente preesistevano delle microfratture; pertanto la curva granulometrica ottenuta è da ritenersi rappresentativa della situazione originale.

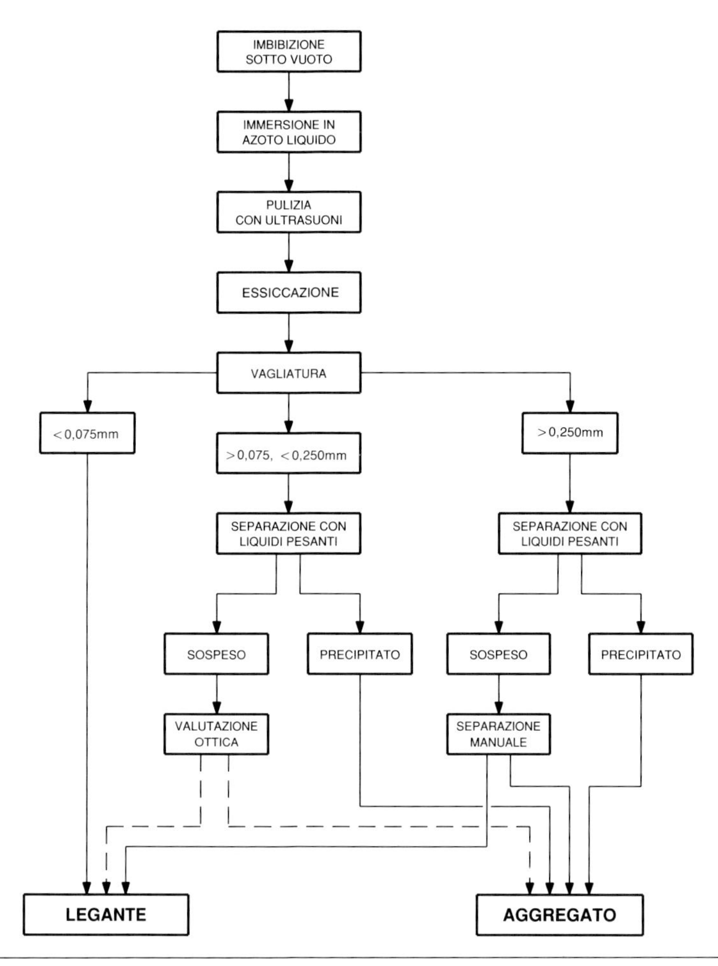

Fig. 8 Schema a blocchi del processo di disgregazione e separazione.

La valutazione percentuale in peso del legante può essere considerata rappresentativa del legante contenuto nel campione. Il legante ottenuto è da ritenersi sufficientemente «arricchito», per essere significativamente analizzato.
La possibilità di ottenere legante sufficientemente puro permette inoltre la valutazione analitica di eventuali aggiunte di additivi anche in percentuali modeste.
È opportuno avvertire che, non avendo avuto occasione di esaminare campioni di malte pozzolaniche o contenenti coccio-pisto, resta da verificare se il metodo in questione possa essere utilmente applicato anche in tali casi.

Si ringraziano la Dott.ssa B. Capitoni, il Sig. G. Radesca ed il Sig. M. Pellegrinelli per la preziosa collaborazione.
La ricerca è stata condotta con la collaborazione dell'ENEL-CRIS, Direzione Studi e Ricerche

(Ricevuto: 8.4.1991)

Bibliografia essenziale

G. Alessandrini, *Gli intonaci nell'edilizia storica: metodologie analitiche per la caratterizzazione chimica e fisica*, in Atti (a cura di G. Biscontin) del Convegno di Studi *Scienza e beni culturali. L'intonaco: storia, cultura e tecnologia*, Bressanone 1985, Libreria Progetto, Padova 1985, pp. 147-166.

AA.VV., *NORMAL-26/87 - Caratterizzazione delle malte da restauro*, CNR-ICR, Roma 1987.

AA.VV., *NORMAL-27/88 - Caratterizzazione di una malta*, CNR-ICR, Roma 1988.

M. Collepardi, *Degradation and restoration of masonry walls of historical buildings*, Materials and Structures, 23 (1990), 134, pp. 81-102.

F. Doglioni et Al., *Ricerca sulle tecnologie storiche di costruzione e manutenzione del Duomo di Venzone*, in Atti (a cura di G. Biscontin) del Convegno di Studi *Scienza e beni culturali. Manutenzione e conservazione del costruito fra tradizione e innovazione*, Bressanone 1986, Libreria Progetto, Padova 1986, pp. 571-595.

M. Matteini, A. Moles, *Scienza e restauro*, Nardini, Firenze 1984.

R.G. Newton, J.H. Sharp, *An investigation of the chemical constituents of some Renaissance plasters*, Studies in Conservation, 32 (1987), 4, pp. 163-175.

G. Oberti, L. Goffi, *Tecnica delle costruzioni*, Levrotto & Bella, Torino 1985.

R. Riccioni, P.P. Rossi, *Restauro edilizio e monumentale*, Il Cigno Galileo Galilei, Roma 1990.

A. Tufani, *Le malte nel restauro*, Ediart, Todi 1987.

F. Vianello, *Analisi granulometriche applicate allo studio di intonaci*, in Atti (a cura di G. Biscontin e R. Angeletti) del Convegno di Studi *Scienza e beni culturali. Conoscenze e sviluppi teorici per la conservazione di sistemi costruttivi tradizionali in muratura*. Bressanone 1987, Libreria Progetto, Padova 1987, pp. 251-263.

Gli Autori:
L. Cimitan, P.P. Rossi, ISMES S.p.A., Bergamo; A. Zaninetti, ENEL-CRIS, Milano.

Summary

Analysis of mortars and concrete in old buildings is often required for historical studies or to prepare a conservation project. The value of the results is frequently reduced, however, by the fact that binder and aggregate interfere with each other causing a general uncertainty in the interpretation of the analytical data.
A generally reliable technique of separation still does not exist.
The present paper reports on the attempt to use immersion in liquid nitrogen to induce disaggregation of mortar or concrete samples by thermal shock; the shattered material is then separated into homogeneous fractions by ultrasonic cleaning, sieving and microscopic techniques.
Experiments conducted on modern concretes and on mortars from historic buildings show promising results, as it was possible to collect samples of binder and aggregate, relatively free from each other, wich are suitable for further studies such as the nature of the binder or the detection of admixtures.
Other results which may be obtained by this process include the evaluation of the aggregate/binder rate and the determination of grain-size distribution curves.

Il Convegno nazionale sul *Restauro in situ di mosaici parietali*, Ravenna 1-3 ottobre 1990.

Occasione e elemento caratterizzante del Convegno organizzato dalla Soprintendenza per i Beni ambientali ed architettonici di Ravenna, Ferrara e Forlì in collaborazione con l'Istituto di Ricerche Tecnologiche per la Ceramica del CNR (IRTEC-Faenza) è stata la presentazione del restauro dell'Arcone di San Vitale e del volume che lo illustra (C. FIORI e C. MUSCOLINO *Restauri ai mosaici nella Basilica di S. Vitale a Ravenna. L'arco presbiteriale*, IRTEC, Faenza 1990, 133 pagine e 12 tavole di rilievi).
Il restauro dell'Arcone di San Vitale, eseguito dal consorzio Arkè formato da diplomati dell'Istituto Centrale del Restauro, è un ottimo esempio della trasformazione che si verifica nella tecnologia del restauro man mano che i vari settori sono raggiunti dalle nuove leve di restauratori che applicano i criteri che l'Istituto ha elaborato con la sua lunga esperienza sulle opere più preziose (le pitture da cavalletto) e poi insegnato ad applicare in ogni caso, senza riguardo per le dimensioni dell'opera o il tipo dei materiali. Di fatto l'educazione allo studio delle tecniche di esecuzione, accompagnato dall'analisi dettagliata e dal rilievo dello stato di fatto, e la pratica di tecniche di intervento applicate su scala sotto al millimetro, con un maniacale rispetto di ogni pezzetto di materia originale, mettono un diplomato in grado di affrontare il restauro di qualunque tipo di opera d'arte.
In questa nuova visione non sono più gli scalpellini che restaurano le pietre, i ceramisti che restaurano le ceramiche e i mosaicisti che restaurano i mosaici, ma il restauratore, *tout court*, che restaura tutto.
Il restauratore non è un artigiano che impara nel tirocinio tutta la sapienza pratica di un solo mestiere, ma è un tecnologista, uno scienziato pratico, che da criteri e conoscenze generali e dall'addestramento al lavoro di precisione desume le procedure necessarie per affrontare qualsiasi caso di intervento curativo su un'opera d'arte.
Ciò non significa che gli artigiani tradizionali dovrebbero essere esclusi dalla conservazione dei beni culturali, ma che ad essi dovrebbe essere affidato il lavoro che rientra nella loro competenza, cioè la riproduzione di elementi antichi o la produzione di nuove parti con tecniche tradizionali.
Un'importante conseguenza di questo cambiamento di impostazione nel campo dei mosaici (il cui merito si deve soprattutto alla suddetta Soprintendenza per i Beni ambientali e architettonici) è l'abbandono della tecnica del distacco per risolvere i problemi di adesione dei mosaici parietali.
Tenacemente avversato da alcuni storici (tra cui I. ANDREESCU, combattivamente presente anche in questo Convegno per reclamare maggiori studi scientifici sui mosaici), che hanno dimostrato le gravi conseguenze di questa tecnica sulla conservazione delle tessere (particolarmente nel caso delle tessere d'oro) e sul loro posizionamento, il distacco è apparso in questo Convegno ormai limitato nell'applicazione a aree culturali tradizionalmente poco propense ad accogliere novità che vengano da fuori, come ha dimostrato ad esempio la relazione presentata al Convegno sul restauro del mosaico di facciata della chiesa di San Frediano a Lucca, caso peraltro abbastanza speciale per le dimensioni dell'opera e l'esposizione all'esterno.
Le tecniche di ristabilimento dell'adesione *in situ* si sono invece largamente diffuse in Italia, sia con l'uso di iniezioni di malte idrauliche (purtroppo non sempre controllate per verificarne il basso contenuto in sali) che con l'applicazione di perni filettati, prefabbricati o formati sul posto con fibre e resine sintetiche; degno di nota in particolare l'uso di perni di ceramica a base di allumina preparati dall'IRTEC nel restauro dell'Arcone di San Vitale.
Un altro importante problema conservativo frequente nei mosaici è il degrado di alcuni tipi di tessere vitree; si tratta di una progressiva fratturazione interna del vetro che inizialmente si annuncia con la progressiva sparizione del colore, causata da fenomeni di dispersione della luce (*scattering*), e poi determina lo sfaldamento del materiale.
In questo campo il Convegno ha marcato un certo progresso sia dal lato diagnostico, con gli studi presentati da P. SANTOPADRE (ICR) e M. VERITÀ (Stazione Sperimentale del Vetro, Murano), che da quello curativo, con la discussione dei promettenti risultati ottenuti mediante l'uso di un consolidante silanico (già pubblicati nel secondo numero di questa stessa rivista).
Un altro punto di notevole interesse è lo studio attento dei materiali usati nei precedenti restauri eseguiti a Ravenna e il tentativo di ricollegare i tipi di intervento osservati sul mosaico con le fonti storiche. Queste risalgono fino al XVI secolo e contengono una notevole massa di informazioni, soprattutto per gli interventi moderni. Lo studio è incluso nel volume (A.M. IANNUCCI, pp. 9-18) e costituisce un interessante capitolo della storia del restauro, disciplina che oggi è appena agli inizi. Ma è ormai evidente che per affrontare i problemi della conservazione a lunga scadenza è necessaria una sempre maggiore interazione tra tecniche storiografiche e tecniche di indagine sperimentale.

G. Torraca

INDICE GENERALE

Anno I 1991

INDICE DEI FASCICOLI 1-3 I 1991

INDICE DEGLI AUTORI

Finito di stampare in Roma nel mese di dicembre 1991 per conto de
«L'ERMA» di BRETSCHNEIDER
dalla Tipografia Marchesi Grafiche Editoriali, S.p.A.
via delle Fabbriche di Vallico 21-23 - Roma